21世纪全国高等院校艺术设计系列应用型规划教材

书 籍 设 计

陆晓云 徐 燕 编著

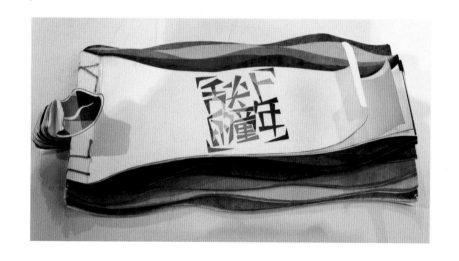

U0196796

北京大学出版社
PEKING UNIVERSITY PRESS

内 容 简 介

书籍设计是一门将工学与艺术相融合，将书籍形态与其内容、工艺等研究为一体的、实践性很强的课程。本书在教学研究与社会实践的基础上，参阅了国内外优秀设计资料，结合书籍设计展览作品编写而成。

全书共包括书籍设计概述、中国书籍设计的历史演进、外国书籍设计的发展源流、书籍的构成要素与基本形态、书籍的设计语言、概念书籍设计、书籍的印刷流程与印刷工艺七部分内容。本书图文并茂、理论与实践并重，实用性较强。

本书既可作为高等本科院校、高等专科院校视觉传达专业的教材，也可作为美术爱好者和平面设计人员的参考用书。

图书在版编目(CIP)数据

书籍设计/陆晓云，徐燕编著. —北京：北京大学出版社，2015.10
〔21世纪全国高等院校艺术设计系列应用型规划教材〕
ISBN 978-7-301-24913-0

Ⅰ. ①书…　Ⅱ. ①陆…②徐…　Ⅲ. ①书籍装帧—设计—高等学校—教材　Ⅳ. ①TS881

中国版本图书馆CIP数据核字(2015)第226796号

书　　　　名	书籍设计	
著作责任者	陆晓云　徐　燕　编著	
策 划 编 辑	孙　明	
责 任 编 辑	李瑞芳	
标 准 书 号	ISBN 978-7-301-24913-0	
出 版 发 行	北京大学出版社	
地　　　　址	北京市海淀区成府路 205 号　100871	
网　　　　址	http://www.pup.cn　新浪微博：@北京大学出版社	
电 子 信 箱	pup_6@163.com	
电　　　　话	邮购部 62752015　发行部 62750672　编辑部 62750667	
印 刷 者	北京大学印刷厂	
经 销 者	新华书店	
	787毫米×1092毫米　16开本　9印张　210千字	
	2015 年10月第1版　2015 年10月第1次印刷	
定　　　　价	42.00元	

前　言

　　书籍是人类文明进步的阶梯，是人类思想交流的平台，是人类智慧的结晶。书籍设计是书稿的第二次创作，是书籍内容的提炼与升华。设计师将书籍以不同的艺术形式呈现出来，其目的是让读者迅捷愉悦地进入书籍内容本身的美妙境界。书籍设计有着不同于其他设计的审美方式和功能要求。它以个性的文化载体、平面的视觉媒介，让读者很享受地完成从"认知"到"认同"，进而到"认购"的全过程。根据书籍内容的不同，书籍设计的语言有多种，例如教材的语言、艺术的语言、绘本的语言、概念书的语言和电子书的语言等。设计过程中还会涉及字体的语言、图像的语言、版式的语言、纸张的语言等，设计师利用这些语言，结合自己的创意，赋予书籍丰富多彩的艺术魅力，带领读者进入诗意、高效、趣味的阅读空间。

　　传统书籍的功能主要是对知识的保存，兼具美观和保护的作用；如今的书籍，其功能更倾向于互动和交流，兼具工艺塑造、文化传承和艺术传播的功能。近年来，我国书籍设计与出版取得的成绩有目共睹，但随着材料选择的多元化、商业行为的融入、大众审美品位的日益提高，以及电子书市场的竞争激烈，市场对书籍设计师的要求越来越高。所以，当代设计师创作的书籍设计作品更需体现其精神价值、艺术价值、商业价值和收藏价值，兼具东方品格和时代气息。

　　本书力求反映国内外书籍设计领域的前沿动态，在编写过程中吸收了能够体现当前最新设计理念和风格的书籍设计作品，同时紧跟设计教育教学改革的步伐，强化了案例教学和实训教学，做到了各章节知识性、直观性、逻辑性、操作性的紧密结合，不足之处还请专家、同行批评指正。

　　另外，我的研究生庄滢琳、蔡亚萍做了摄影、文字校对的相关工作，同事黄天灵、宋漾、刘天娇和秦慧也提供图片来充实编写内容，在此向诸位致以衷心的感谢！

陆晓云

2015年8月

目　录

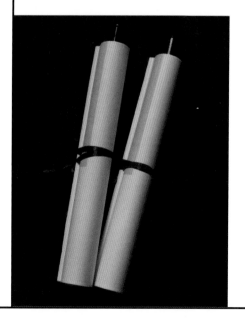

CONTENTS

第┃章　书籍设计概述

教学目标

在课堂上介绍书籍设计的内涵和功能，通过对优秀的书籍设计作品进行分析，提高学生对书籍设计的欣赏水平；在课外关注书籍设计竞赛及社会实践，了解社会需求，培养学生对学习的主动性，锻炼和提高学生的沟通能力，提高学生的综合素质。

教学要求

了解书籍设计的历史、发展以及设计形式，掌握书籍设计的相关概念与分类，对书籍设计的内容、风格有较为准确的把握，在理解的基础上学会欣赏和分析设计作品，并进行适当的草图练习。

南京先锋书店内景

书籍是知识的物质载体，是人类精神交流的舞台，它承载着人类文明进步的历史足迹。它不仅仅是一种读物，更是一项整体的视觉传达过程。

日本书籍设计家杉浦康平先生对现代书籍设计作了这样的表述："书，是从一张纸开始的故事。"当一本书稿交到书籍设计师手中直至成为出版物，书籍的设计过程便开始了：书稿的主题内涵、风格语言的确立，书籍的设计定位和从属内容的选择，书的开本大小、形态特征、纸张材料、印刷工艺、装订方式，内文的阅读导向、版式设计、插图说明等，最终交汇成有价值和生命的书籍。

1.1　书籍设计的概念

书籍不依赖任何媒体，可以随时随地轻松阅读。它有一定的厚度、大小和重量，具有电子载体完全不同的阅读感受。作为文字、图形的一种载体，书籍离不开设计，我们通常把书本的整体设计称作书籍设计。

"装帧"一词源于日本，指对书籍进行装饰和打扮。西方辞典里没有"装帧"这个名词，广泛使用 book design，即书籍设计。从装帧到书籍设计并不是对名词的识辨，而是书籍设计师思维方式的提升、设计概念的转换、自身职责的认知。20世纪初期，装帧指的是书籍的封面设计，一般不考虑书的内容而仅追求一种装饰美。而书籍设计不仅仅指书籍装帧 (book binding)，还包括排版设计 (typography) 和编辑创意设计（editorial design），它是一门综合性的造型艺术。书籍设计的任务，除了要达到保证方便阅读的目的，还要赋予书籍美的形态，给读者视觉上的愉悦感。

书籍的形态也经历了数次变革，在简册出现之后，我国的书籍才开始了真正意义上的装帧和设计。书籍设计是指从书籍的文稿到编排出版的整个流程，具体包括一本书的开本、字体、版面、色彩、插图、封面、护封以及材料纸张、印刷工艺、装订方式等各个环节的整体设计过程。一本设计优美的书可以吸引读者，增加读者的舒适感和购买欲，引导大众的审美。

1.2　书籍设计的功能

书籍设计不仅具有使用价值，更具有独立的欣赏价值，还能满足设计师的风格追求和读者的精神需求。它具有四个主要功能，即保护功能、美化功能、传达功能和促销功能。

1.2.1　保护功能

零散的书页通过一定的形式装订成册，使书籍坚固美观，便于读者阅读并保存。《怀袖雅物——苏州折扇》采用了富有质感的书盒设计，较好地保护了书籍，书脊的原木设计富有个性，还采用柔和的牛皮纸张和单纯的色彩，提高了阅读性使人疲劳感减轻（图1.1）。

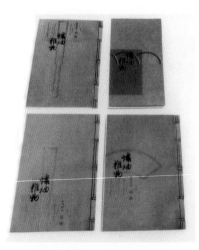

图1.1　《怀袖雅物——苏州折扇》书籍设计/敬人书籍设计工作室

《浮士德》精装书籍色彩典雅、图案精美，硬壳厚纸包装对书籍起保护作用如图 1.2 所示。

图1.2　《浮士德》精装书籍设计

1.2.2　美化功能

当读者在翻阅书籍的过程中，在接收书籍文字和图片信息的同时，也在享受着设计师为读者提供的精神盛宴。书籍设计的美化功能主要指设计师通过对书稿的理解和感悟，采用一些艺术手法和设计语言，使之与书籍内容相吻合，同时增加书籍的外在感染力。系列书籍设计采用不同的色彩和相同的形态语言、图形语言，显现出系列书籍的视觉识别性和统一性（图 1.3）。

图1.3　日本系列书籍设计

1.2.3　传达功能

　　书籍设计通过一个六面立方体，传递书籍的内容和精神，包括封面、内文、环衬、书脊的所有装帧设计，以及排版、印刷、装订等工艺设计。不同类型或内容的书籍匹配不同的设计风格，设计师采用科学理性、直观明了的方式，向大众传播书籍的信息。同时，作为教育、娱乐的主要媒介，书籍的有其强大的社会功能。《南通审判》期刊的封面设计通过南通地区非物质文化遗产蓝印花布纹样的视觉语言，较好地传递了南通的地域文化和审美特色（图1.4）。如图1.5所示的系列书籍通过版式、色彩、图形等特色设计，达到和谐统一又各具特色的视觉效果，并实现了信息的传递功能。

图1.4　《南通审判》期刊封面设计/2012/陆晓云设计

图1.5　系列书籍展示

1.2.4　促销功能

　　读者对书籍的第一个印象往往是它的封面设计。封面是一本书的"脸面"，好的封面设计不仅耐人寻味，而且能吸引读者去阅读书的内容。书籍美化是增加书籍商品价值的重要手段，具有吸引力的书籍设计形式能够激发读者的购买欲望，出版社往往会通过提高书籍的视觉美感来增强书籍的市场竞争力。走进书店，我们能看到各种书籍设计形式，色彩缤纷、争奇斗艳（图1.6）。

营销心理学认为，不能引起消费者心理认同和视觉好感的商品，难以打开销售的局面。因此书籍设计要针对不同知识层次、不同年龄段的读者，设计出不同风格的书籍。

图1.6　书籍展示

1.3　书籍设计的原则

书籍设计是融合多种元素并使之统一的艺术，体现了不同文化的魅力，其设计原则主要包括三个方面。

1.3.1　内容与形式的统一

内容和形式兼备的书籍才是好的书籍，形式取决于内容，又依附于内容，因此设计要求内容和形式的完美统一。设计师需要掌握书籍的文字内容，把握书籍的精神内涵，了解作者的文笔风格和读者类型，设立良好的立意构思，熟悉印刷工艺，这样设计出的书籍形式才能使书籍的内容得到升华。

如书籍设计师吕敬人在构思《朱熹榜书千字文》（图1.7）书籍设计时，强调民族性和传统特色，采用仿宋代印刷的木雕版形式，将一千个遒劲洒脱的朱熹大字反雕在桐木板上，令人耳目一新。桐木材料封函的天然木质质感，传递出古色古香的文化氛围。封面设计以中国书法的基本笔画点、撇、捺作为上、中、下三册书的基本符号特征，格式统一而且独具匠心。全函以皮带串联，采用如意木扣合，构成了造型别致的书籍形态。

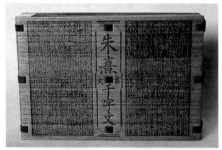

图1.7 《朱熹榜书千字文》书籍设计/吕敬人

1.3.2 整体与局部的呼应

许多人会认为书籍设计仅仅局限于对书籍封面的设计和对其内页文字插图的版式设计，但很少有人关注书籍整体形态构造和系列书刊的设计。

书籍的设计内容包括对书籍起保护作用的函套、护封、封面等。封面一般包括书刊名称、编著者姓名、出版社等内容，以及体现书籍的精神内涵、风格特征的装饰性图形、色彩和构图；此外还涵盖书籍的环衬、扉页、正文、插图、版权页等核心内容的设计；还有对书籍整体形态及材料、开本、精装、平装、纸张、印刷、装订等工艺设计。同时书籍设计不仅要满足单纯的视觉传达，更要实现信息传递，还需要风格协调统一，设计元素才能相应生辉。《书籍设计》系列期刊设计以整体的白色统一，又以局部的书籍色彩标识，以及图形和文字风格精心编排设计，与内容相呼应，使得该系列期刊整体协调而又别致（图1.8）。

图1.8 《书籍设计》系列期刊设计/刘晓翔、张志奇、张申申

1.3.3 技术与艺术的结合

完成书籍设计图稿仅是书籍设计过程中的一小步,之后还要依靠纸张材料、制版印刷、装订工艺制作来将之实现。假如离开这些工艺技术流程,再好的艺术设计也只是纸上谈兵。只有技术与艺术水乳交融,才能相得益彰。当下国内的印刷工艺和设备与世界先进水平还有一定差距,我们的书籍设计艺术还有待提升。

书籍的风格和品位反映了一个国家的文化和高新技术水准。书店和图书馆的书籍琳琅满目(图1.9),这些书籍都有精装和简装之分(图1.10)。艺术语言是一本书的内在美,材料肌理是一本书的外在美,而技术工艺则是一本书的气质美。

图1.9 精装书与简装书设计/资料来源:昵图网

图1.10 精装书与简装书

1.4 作品欣赏

图1.11书籍设计以少胜多。将古老文本设计得凄美冷艳、卓尔不群,黑、白、牛皮纸等自然色彩的选用,凸显了简约设计和环保理念。

图1.11 《诗经》封面设计/刘小翔

图 1.12 书籍设计采用传统的线装形式，散发着浓郁的中国传统文化气息。牛皮纸设计、竖排的标题、简单的色彩和精美的装饰纹样凸显了简约大气的设计理念。

图 1.13 是一套系列丛书设计，通过颜色和文字的区别来彰显每一本书籍的个性，又通过版式和设计风格来将之协调统一。水墨晕染的汉字增添了丛书的色调层次感和书卷气息。

图1.12 《江南文化的诗性阐释》封面设计/朱赢椿   图1.13 《刘洪彪文墨》系列书籍设计/晓迪设计工作室

图 1.14 封面设计采用简约的标题、独特的线装、新颖的透明纸张和纯白的色彩，艺术效果独特，淡淡地流露出女性清新高雅的气质。

图 1.15 封面设计以蓝色手写书稿为底进行横竖交互排版，富于变化且不失条理。楷体书名严谨清秀，与蓝色的底纹形成对比，体现了书籍设计的工艺性和装饰性。

图1.14 《踏莎行——章燕紫作品》　　图1.15 《中国现代文学馆馆藏珍品大系·手稿卷》
书籍设计／姜嵩　　　　　　　书籍设计／杨林青

　　图1.16封面设计以蛙和娃为主题进行色彩、文字和图形的交互排版，富于变化且不失条理，展示了书籍设计中造型语言的丰富性和色彩语言的装饰性。

图1.16 第三届大学生书籍设计展

图1.16　第三届大学生书籍设计展（续）

本章小结

　　从书稿到书籍是一个化蛹为蝶的过程。书籍设计包括对书籍整体（外观、材质、内页的文字、版式和插图等）的策划创意和印刷装订等工艺流程。本章介绍了书籍设计的基本概念，从保护、美化、传达和促销角度分析了书籍设计的功能，并从内容与形式、整体与局部、技术与艺术三个方面介绍了书籍设计的原则。

思考题

　　1. 列举书籍的功能，好的书籍设计有什么作用？
　　2. 简述书籍设计中形式与内容的关系，以及特征与内涵的关系。

练习题

　　1. 搜集 5 种不同风格的书籍，简述其设计的特色和功能，如材料和工艺、思想和艺术、外观和内容、局部和整体等。
　　2. 临摹并制作一幅你最喜欢的书籍设计封面，尺寸按照原书大小。

第2章　中国书籍设计的历史演进

教学目标

通过对中国书籍设计的历史演进等方面知识的学习，了解书籍设计的起源与发展，以及古代书籍的装帧形式、书籍设计的作用。

教学要求

通过对书籍设计的历史、发展以及书籍形式的学习，掌握书籍设计的相关概念与分类，对书籍设计的内容、风格和分类有一个比较准确的把握，在理解的基础上学会欣赏和分析设计作品，并进行适当的书籍设计草图练习。

清华大学美术学院书籍设计展示

中国书籍设计的历史已有两千多年，在长期的探索和实践过程中，逐步形成了实用、古朴、简约、典雅的东方形式，在世界书籍设计史上有着特殊的地位。

书籍作为文字、图形和材质等信息的传播媒介，经历了漫长的历史发展过程，是人类智慧的结晶，更是人类思想交流的平台。同时，书籍的内容和形式可以反映出一定社会时期的生产力、生活状况以及意识形态。

2.1　书籍形式的探索

亚洲图像研究学者、书籍设计家杉浦康平曾说过："书籍是有生命力的存在"。书籍就像时代的缩影，记录着人类文明的变迁，传承着不同历史时期的知识和思想。

上古时期的人类采用各种各样的物体记录要事。人类早期用结绳记事开始记载生活（图2.1），后来又借助于洞穴壁画和岩画（图2.2）。

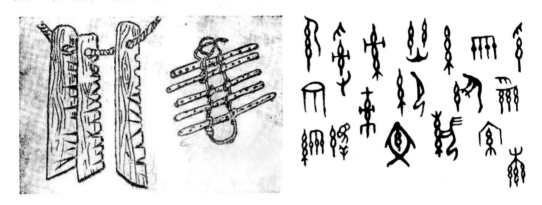

图2.1　结绳记事

图2.2　岩画壁画

在我国，距今五六千年的西安半坡遗址出土的陶器上有简单的刻画符号，被考古专家认为是中国最原始的古老文字。南通海安青墩新石器时代遗址的重大考古发现中，最具神秘色彩的青墩麋鹿角、麋鹿骨等刻纹符号（图2.3、图2.4）反映了五千年前青墩人的意识形态和精神文化，被专家们认为是易卦起源的初始符号，比殷墟甲骨文还早两千多年。这些都是中国书籍发展史上早期的成就。

商朝出现较成熟的文字——甲骨文，记录和反映了商朝的政治和经济发展情况。甲骨文又称"契文"，是我国已知最早的、成体系的文字形式，它上承原始刻绘符号，下启青铜铭文，是汉字发展的关键形态，现代书籍文字也由甲骨文演变而来（图2.5）。

自周朝开始，中国文化进入兴盛时期，各种流派和学说层出不穷，形成了百家争鸣的局面，作为文字载体的书籍同样出现很多。周代甲骨文已经向金文、石鼓文发展，后来随着社会经济和文化的发展，又完成了大篆、小篆、隶书、草书、楷书、行书等文字字体的演变，书籍的要素材质和形式也逐渐具备并完善。

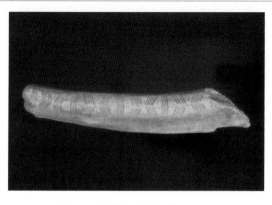

图2.3　青墩麋鹿角刻纹

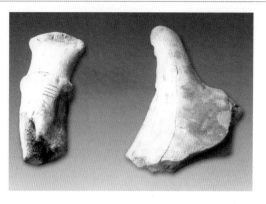

图2.4　青墩麋鹿骨上面的角刻画和锥点纹

图2.5　甲骨文

2.2　书籍形式的形成

书籍带给我们的不仅是凝练优美的文字语言、精彩绚丽的画面，还有灵感与灵魂的沟通、思想与智慧的碰撞。书籍作为文化的载体，它不仅有着自身的变化发展历程，并且随同中国历史文化的变迁而发生着变化。

2.2.1　甲骨文

中国商朝后期，王室记事通常采用在龟甲或兽骨上契刻文字的形式，由此产生了甲骨文，最终演变为现代书籍文字。河南"殷墟"出土的大量刻有文字的龟甲和兽骨，是我国迄今为止发现的最早的文字载体。甲骨上所刻文字纵向排列，每列字数大小随甲骨形状而定，已颇具排版样式和审美意识，这就是我国书籍设计的源头（图2.6）。

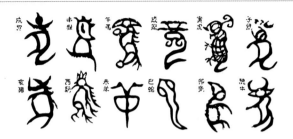

图2.6 甲骨文

2.2.2 玉版

玉版也称玉板，指以玉石作为简牍来记载文字，寄托祥瑞的祝福和期盼（图 2.7）。《韩非子·喻老》中即有"周有玉版"的记载。刻于玉版之上的文字多为重要文献，由于其材质名贵，用量并不是很多，主要用于上层社会记载传世篇章和珍贵典籍，如有关黄帝内经的记载就有玉版。秦汉时期盛行石刻艺术，多以碣（天然形状的石头）、石碑（长方形的石料）、摩崖（天然的岩壁）的形式记录经典著述与帝王的丰功伟绩，以供大众阅读。

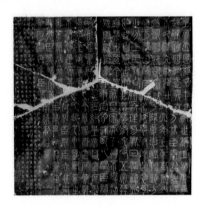

图2.7 玉版

2.2.3 竹简木牍

中国正规书籍最早的载体是竹和木。在中国古代，把竹子加工成统一规格经烘干防蛀处理，然后在上面书写文字，这就是竹简。竹简再以革绳相连成"册"，称为"简策"。这种装订方法成为早期书籍比较完整的形态，并具备了现代书籍设计的基本形式（图 2.8）。木简与竹简相似。牍是用于书写文字的木片，与竹简不同的是，木牍以片为单位，一般着字不多，多用于书信。由于竹、木材质难以保存，所以现在我们很难看到这些古籍，即使在博物馆也难得一见完整的简策；偶有出版社模仿古代简策制作《孙子兵法》《史记》等经典书籍，也多用于收藏。

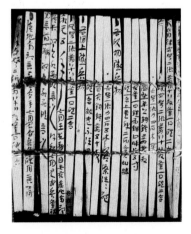

图2.8 居延汉简

2.2.4 缣帛

缣帛是指记录书画的丝织品，因其多以白色为主，故又称之素帛，与书画用的绢类似。缣帛柔软轻便，门幅宽广，但价格昂贵，故常用于重要文件的书写（图2.9）。在先秦文献中即有用缣帛作为书写材料的记载，马王堆汉墓中出土的帛书，基本上属于旌幡之类，其高度基本上是缣帛的幅面宽度（48厘米）或其一半（24厘米），长度则"依书长短"而裁之。《字诂》中说"古之素帛，以书长短随事裁绢。"由此可见缣帛尺寸长度可根据文字的多少裁剪，然后卷成一束，称为"一卷"，另外加封装保护。自简牍和缣帛作为书写材料起，便有了史学家认定的历史上真正的书籍。

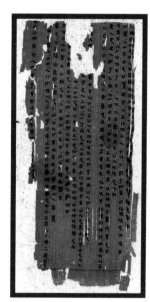

图2.9 缣帛

2.2.5 纸

中国四大发明中的造纸术和印刷术对书籍设计的发展起至关重要的作用。东汉时期纸的发明，确定了书籍的主要材质；隋唐雕版印刷术的发明，又促成了书籍的雏形。它们为中国文化的繁荣和技术的发展奠定了基础。东汉时期的蔡伦改进并提高了造纸工艺。到魏晋时期，造纸技术、用材和工艺均得到进一步发展，几乎接近于机制造纸水平。纸张因轻巧价廉且便于印刷装订等诸多优点，迅速代替其他的书籍材料（图 2.10）。

图2.10 纸

吕敬人认为纸张具有亲近之美，适合随身携带。由纸张制作而成的书籍不仅有纯艺术的观赏之美，而且在阅读过程中可以享受到视、触、听、嗅、味五感交融之美。

2.2.6　卷轴装

卷轴装是由简策卷成一束的装订形式演变而来的，历代的缣帛、纸书均沿用该形式装订，现代中国字画装裱仍沿用卷轴装。其方法是在长卷书的末端粘连一根轴（轴通常指一根细长圆柱形漆木，也有采用珍贵的材料，如象牙、玉石、珊瑚等），然后将书卷卷在轴上。缣帛的书，文字是直接写在缣帛之上的；纸写的书，则是将一张张写有文字的纸，依次粘连在长卷之上。卷轴装的卷首一般都粘接用来捆缚的丝带。卷轴装书籍除了记载经典史记等内容，还记载宗教经文等（图2.11）。

图2.11　卷轴装

2.3　书籍形式的演变

原始社会的甲骨、玉版、缣帛等各种形式的文字载体，虽然在一定程度上可以被视为书籍的原始形态，然而在今天看来，真正谈得上书籍设计形式的应该是在造纸术和印刷术发明后所催生的各种书籍形式，如梵夹装、经折装、旋风装、蝴蝶装、包背装、线装、简装和精装等。

2.3.1　梵夹装

人们经过长期的使用后，明显感到卷轴装书卷的不便，尤其在查找内容或者做记录时，需要展开整个书卷或者部分书展，不能随时随地展阅，因此人们开始探索新的书籍形式。

梵夹装也称贝叶经。"梵夹"亦即佛经的意思，它是将一张张纸积叠起来，上下夹以木板或厚纸，再以绳子捆扎。最初的梵夹装是用于装订已刻写经文的贝多罗树叶。其过程是依次将贝叶经摆好，在其上、下各夹配一块与贝叶经大小相同的竹片或木板，并在夹板中段打两个圆洞，用绳索两端分别穿入洞内结扣捆扎。一般认为，书籍的发展是由卷轴直接转变为折叠，再转变成册页的形式，实际在这中间还经历了梵夹装的演变过程。它是研究古代文化、语言文字、佛教、宗教艺术等方面的重要原始资料（图2.12）。

图2.12　梵夹

2.3.2　经折装

经折装也称折子装，是由卷轴装的形式改造而来的，就是把卷轴形式的书改用左右反复折合的办法叠成长方形的折子。在折子的最前页和最后页，即书的封面和封底，粘贴硬纸板或木板作为书皮，以防止内文损坏。

经折装的出现大大方便了阅读，也便于存取，与书画、碑帖等装裱技术一直沿用至今。它的书籍形式和今天的书籍形式非常相似。因佛教经典多采用经折装的形式，所以古人称这种折子为"经折"。因经折装比卷轴装查阅便利，所以在唐朝及其以后相当长的一段时期内被普遍使用（图 2.13）。

图2.13　经折装

2.3.3 旋风装

旋风装又称龙鳞装，出现于唐朝中叶，是另一种卷轴装的变形。它是把逐张写好的书页按照内容的顺序，错落如旋风般逐次粘连在事先准备好的卷子上的装订形式。阅读时从右向左逐页翻阅，收卷时从卷首卷向卷尾。外表与卷轴装没有什么区别，但其展开后可翻转阅读。旋风装的页面不仅便于翻阅，更有利于保护书页（图2.14）。

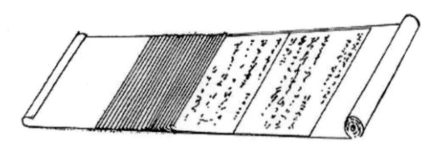

图2.14　旋风装

2.3.4 蝴蝶装

蝴蝶装书籍在翻阅时像蝴蝶飞舞的翅膀，故称"蝴蝶装"。它始于唐末五代，盛行于宋、元时期，它的产生和雕版印刷的发展密切相关。

蝴蝶装避免了经折装折痕处易开裂的缺陷，也省去了旋风装将书页粘成长幅的麻烦。其方法是将书页从中缝处字对字向内对折，依顺序积起方形的一叠，再将折缝处粘在包背的纸上。蝴蝶装因书口处易被磨损，所以把版面的周边空间往往设计得特别宽大，其封面多采用厚而硬的卡纸，或裱上锦缎（图2.15）。

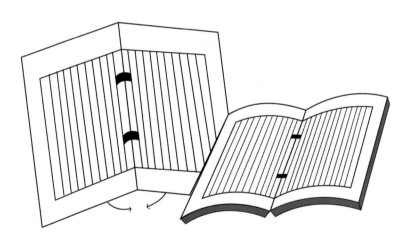

图2.15　蝴蝶装

2.3.5 包背装

由于蝴蝶装的文字面朝内，每翻阅两页的同时必须翻动两页空白页，且粘胶的书背容易脱落，给翻阅者带来诸多不便。于是人们对书籍形态又进了改良设计，包背装逐步取代了蝴蝶装（图2.16）。

图2.16 包背装

包背装在对折书页时字面向外，以折叠的中线作为书口，背面相对折叠，折好的书页呈双页状叠在一起。翻阅时可以连续不断，可以更方便地阅读。包背装还采用了纸捻穿订防止书背粘胶不牢，最后以一张大于书页的纸贴于书背，从封面包到书脊和封底，然后将其装订裁切整齐。包背装的书除了文字页是单面印刷，且有每两页书口处是相连的以外，其他均与现代图书相似。清代的《四库全书》采用的就是包背装（图 2.17）。

图2.17 包背装《四库全书》

2.3.6 线装

线装是中国印本书籍的基本形式，也是古代书籍设计的最后一种形式，起源于唐末宋初，盛行于明清时期。它与包背装相比，不仅不易散落，而且形式美观，是古代书籍设计发展成熟的标志（图 2.18）。

图2.18 线装

线装与包背装差别不大，书籍内页的设计方法相同，其区别之处在于护封。护封即将两张纸分别贴在封面和封底上，用刀将上下及书背切齐，并用石头打磨，再在书脊处打孔用线串牢。书脊、锁线外露。线多为丝质或棉质，最常见的有四、六、八针订法。线装书常将书角用绫锦包起来，称之为包角。

线装书籍书口易磨损破裂，因此上架多采用平放的方式。为了方便，多在书根上写上书名和卷次，封面也无须使用厚硬的纸张，多是用比书纸略厚一点的纸张，偶尔采用布面，能给阅读者带来亲切柔软之感。为了防止书籍破损，多用木板或纸板制成书函加以保护。书函的尺寸按照实际需要而定，且形式多样。也有用木匣或夹板做成考究的书函，既有保护书籍的作用，又增添了书籍的艺术性与典雅之美。

2.3.7 简装

简装书亦称平装书，是在铅字印刷之后普遍采用的一种书籍形式。简装书主要由封面、封底、扉页及内芯（正文）部分组成。封面一般采用软质纸张装订，内页纸张双面印，成本低廉，是一种经济适用型的书籍形式。

对我国近现代书籍设计产生重大影响的是 1919 年的"五·四"新文化运动。在反封建主义旧文化和倡导新文化的思想下，各种宣传新思想、新文化的出版物相继出版；同时，书籍设计的形式和风格也有了巨大的变化。在鲁迅创作思想和创作风格的影响下，形成了我国早期的设计团队，如钱君匋、陶元庆、司徒乔等一批有自己风格的书籍设计家。书籍设计包括了扉页、正文、插图、字体、色彩和印刷工艺等整体设计。书籍的装订形式也由线装的单一面貌转变成平装，文字的编排也由竖排转为横排（图 2.19）。

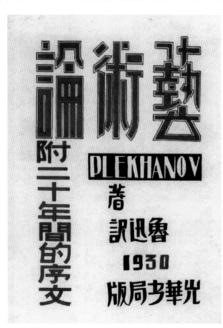

图2.19　《艺术论》《文学周刊》／钱君匋

在中国现代书籍设计史上，陶元庆是采用新颖的图案装饰作为新文艺书籍封面设计的第一人，这一时期的书籍封面设计受木刻的影响，图形概括简约，色彩对比强烈（图 2.20）。其他简装书籍也具有这一时期的典型特征（图 2.21 至图 2.23）。

图2.20　《彷徨》／陶元庆

图2.21　《嫁后光阴》

图2.22　《碧海青天》

图2.23　《恨海》

　　简装书以效率高、成本低、分量轻的特点，备受印刷商和读者的推崇，在私人书橱、书店和图书馆也有一定的占有量（图 2.24）。

图2.24　简装书

2.3.8 精装

　　精装书美观、成本高、价格贵，但经久耐用且易于收藏（图 2.25）。西方的《圣经》和《法典》等书籍多为精装。清光绪二十年美华书局出版的《新约全书》也采用了精装方式，其封面文字镶金，尤显华丽。精装书的内页与平装一样，多为锁线钉，书脊处还以布条粘贴，使连接更加牢固。护封用材厚重而坚硬，且首尾相连，护封书脊与书页书脊多不相粘，这样翻阅时比较灵活。书脊有平脊和圆脊之分，为方便打开封面，封面与书脊之间还需经过压槽、起脊等工艺处理（图 2.26 和图 2.27）。

图2.25　精装书

图2.26　《番石榴集》　　　　图2.27　《尼采自传》——民国平面设计陈列展

2.4　书籍形式的多元

　　随着人类文明的发展与网络媒体的高度普及，传统的纸质书籍受到了很大的冲击。数字化媒体可以轻松、便捷、高效地传播信息，这是纸质媒体难以企及的。随着读者阅读习惯的转变，纸质书籍也面临着新的挑战。

电子书是将文字、图片、声音、影像等信息与内容数字化，集存储介质和显示终端于一体的手持阅读器，它不同于以纸张为载体的传统出版物，是通过数码方式记录书籍内容并将其放在以光、电、磁为介质的设备中（图2.28）。

图2.28 电子书

与电子书相比，纸质书籍的存在有它的特殊意义。它能让读者对全书有更全面的把握，如对书本的触觉体验是显示屏无法给予的，因此纸质的书籍形态仍被大量需求。纸质书籍的可触性填补了信息传播以外的情感缺口，也是书籍内涵的延伸。一个愉悦的阅读过程，不只是大量信息的获取，更是读者与书籍之间的情感互动。好的书籍设计应该是配合书的内容、气质和内涵，在细节处表现对读者的体贴和关怀。

2.5 作品欣赏

请欣赏如图2.29和图2.30所示的封面设计作品。

图2.29 中国近代诗歌、散文、小说封面设计（一）

图2.30 中国近代诗歌、散文、小说封面设计（二）

本章小结

    本章讲述了书籍设计的基本形式，从甲骨文、玉版、竹简木牍，到梵夹装、经折装、旋风装、蝴蝶装、包背装、线装，再到简装、精装，以及从工艺角度分析了历史上不同时期书籍设计的基本特点，并从书籍设计的类型、风格、内容等不同的角度进行分类，重点分析和探讨了书籍设计的文化内涵。

思考题

    1. 如何传承中国书籍设计文化？
    2. 列举两件书籍作品并说明如何在设计中展现东方文化？

练习题

    1. 手绘书籍设计草图一幅，并写出设计说明。
    2. 完成一件具有中国民族特色的书籍设计作品。

第3章　外国书籍设计的发展源流

教学目标

通过学习外国书籍设计知识，了解西方书籍设计的起源与发展，以及西方古代书籍的装帧形式与设计特点。

教学要求

开拓学生的设计思路，提升学生的设计水平和设计内涵，探索书籍设计的新形式和新工艺。

书籍的形式和内容反映出一定社会时期的生产力、生活状况以及意识形态。书籍设计在西方也经历了漫长的历史进程，才演化到今天比较成熟的艺术形式。

3.1 古代书籍

人类最早的文字是居住于两河流域地区的苏美尔人创造的楔形文字。自新石器时代起,幼发拉底和底格里斯两条大河哺育了许多农业村落,从外部迁途到现在伊拉克南部干旱无雨地区的苏美尔人利用河水灌溉农田,并在生产过程中发明了世界上最早的文字——楔形文字(约公元前 4000 年,由 22 个拼音字母组成)。楔形文字是用芦苇或尖棒在泥板上刻写的,泥板经晒烤后变硬,因此不易变形(图 3.1)。

图3.1 楔形文字

据考古学家研究一致认为,公元前 3000 年古埃及的象形文字是人类较早的文字。他们用修剪过的芦苇笔在纸莎草制造的纸上书写,后人称之"纸草书"。由于纸草容易潮湿生虫,所以留存不多。它与苏美尔人的楔形文字、中国的甲骨文一样,都产生于原始社会简单的图画,所以称为象形文字(图 3.2)。

图3.2 古埃及象形文字

蜡版书是罗马人发明的可重复使用记事簿,作为最原始的文字载体出现在公元前 8世纪。制作方法是将薄木板表面的中间掏空注入融化的蜡,在蜡未完全硬化之前刻写文字,蜡版刻写好后打孔穿绳即成蜡版书(图 3.3),蜡加热变软可循环使用,可代替需要从外地引进的纸莎草纸和羊皮纸。公元一世纪手抄本出现后,蜡版书很快就被淘汰了。

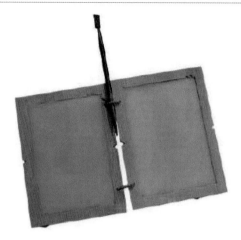

图3.3　蜡版书

3.2　册籍的形成

古埃及的书写材料主要是用一种纸莎草制成，在很长的一段时间里，西方很多国家都在使用这种纸，直到中世纪以后羊皮纸才逐渐代替了它。羊皮纸的出现，给欧洲的书籍形式带来了巨大变化。

3.2.1　羊皮书

西方人对羊皮纸的记载有着特殊的情感。公元前 3 世纪，古埃及建立了世界上最大的古代图书馆——亚历山大图书馆，为了阻碍帕加马（希腊时期文化中心）在文化事业上与其竞争，古埃及严禁向帕加马输出纸莎草纸，于是帕加马欧曼尼斯二世让科学家研发了用兽皮制作的纸，这就是著名的羊皮纸。羊皮纸是用绵羊或山羊皮除去毛和脂肪，经过鞣制加工而成的。羊皮纸价格昂贵，加工耗时，但优点是两面都能书写而且光滑轻便，于是迅速传入欧洲；人们为节约起见，往往会刮掉羊皮纸上的文字，在上面重复写字（图 3.4）。

图3.4　羊皮纸和羊皮书

由于卷轴书的阅读没有册页书方便，因此促使了以"页"为计量单位的"羊皮纸"诞生。公元3~4世纪，册页书的形式得到普遍应用，其翻阅的便利性大大满足了人们查阅、携带和收藏的需求。

3.2.2 欧洲早期的手绘书籍

从纪元初至11世纪的文字记录仅限于教士阶层，书籍的制作几乎都是由修道院等宗教机构完成的，所以大都是祈祷书、《福音书》《圣经》、礼拜经文等宗教文学（图3.5），直到8世纪才出现世俗的书籍形式。这些书籍还有三种类型的插图：一是装饰手写字母；二是围绕文本的框纹；三是单幅独立的插图（图3.6和图3.7）。

图3.5 《福音书》

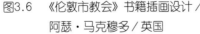

图3.6 《伦敦市教会》书籍插画设计 /　　图3.7 《斯派格·柏斯特瑞》书籍版式设计
　　　　阿瑟·马克穆多 / 英国

与此同时，鹅毛经过脱脂、硬化处理后即可削切成笔尖吸附墨水，与芦苇制成的笔相比，更具触感与韧性，所以鹅毛笔成为新的书写工具并逐渐替代了芦苇笔。

3.3　印刷书的诞生

　　纸的发明与改进，促进了书籍的社会生产，使人类文明跨进了一个新时代，其他的传播媒介迅速退出历史舞台，各种印刷技术得到广泛应用。

3.3.1　古登堡的活字印刷书籍

　　活字印刷是由我国北宋毕昇最先发明的。400 多年后德国人古登堡于 15 世纪才发明了金属字母活字印刷术，掀开了欧洲出版史新时代的帷幕，因此西方学者将古登堡视为"现代印刷术之父"。古登堡印刷术发明时正值欧洲文艺复兴开始，社会经济、科学文教和基督教对读物的需求迅猛增长，因而推进了印刷术的发展。活字印刷技术由德国美因茨地区席卷欧洲，并成为宗教和文化的传播手段，推进了欧洲的文教繁荣和社会进步（图 3.8、图 3.9）。古登堡的金属活字印刷对印刷术的贡献主要表现在三个方面：活字材料的选择与制造、印刷设备的研制和油墨的制造。

图3.8　《圣经的历史》／荷兰

图3.9　《圣经》

3.3.2 文艺复兴时期的书籍

书籍设计在文艺复兴时期取得了突破，除了文化背景外，另一个重要因素是活字印刷机运用到书籍制作上，大量书籍的印前与制作使新思想得到了传播。各领域的成果相互融汇，书籍设计更多地借鉴了古典希腊、罗马和东方文化元素；人文主义者和印刷商、出版商相互合作探索，创造了罗马体铅字、斜体字等；此外标点符号也不断丰富，页码等的使用也方便了读者的阅读和查找；卷首页、出版标志和版权页也成为书籍设计的元素，这些成果的取得，为书籍设计的多层次表达拓展了空间（图3.10、图3.11）。

图3.10 《简·佛科特》／法国·巴黎

图3.11 《时间之卷》／荷兰·乌德勒支

意大利威尼斯和佛罗伦萨形成的哥特式书籍设计风格，成为德国、法国和西班牙书籍设计风格发展的基础。大量的凹凸版印刷和木制雕版的民族性插图，让许多艺术家的作品散发出夺目的光辉。

3.3.3　近现代书籍的发展

16-17世纪，德国的宗教改革，英国内战爆发，多事之秋的欧洲书籍却不断发展与革新，现代书籍的特征也愈加明显。其间欧洲出版了约125万册书籍，其中包括小说、诗集等。伴随着小开本的普及和书籍种类的涌现，书籍逐渐成为人们日常生活中不可或缺之物，于是要求版面安排更加合理、书籍更加清晰可读。这就需要书籍标题重点突出、文字排列错落有致、扉页上面用插图或画像、内文编排在章节之间用空白隔开、由字母或小结加以引导，标注数字章节序号等。插图数量增多凸显个性风格，铜版插图相对优越，但木版插图仍占一定比重，此外人们还进行了双色或多色版画的印刷实验。

16~18世纪，巴洛克艺术的神秘、古典主义的理性、启蒙运动的象征、洛可可艺术的华丽等都在影响着书籍设计。18世纪是词典和百科全书的世纪，该时期书籍设计华丽富贵，有颜色各异的马赛克封面，还有印制图章的封面，即使普通的封面，人们也会进行个性化装饰。18世纪末，德国人雅各布•克里斯多夫•勒博隆首创三原色，书籍设计开始进入彩色插图印制时代。

另外，为了方便经济收入较低的读者，小开本的"蓝色丛书"得到了普及。它以封面的颜色而得名，内文排版紧密，插图实用性强，文本结构更便于阅读和欣赏，内容几乎涉猎了所有的图书种类。荷兰北部的安特卫普和阿姆斯特丹逐渐发展成地理书和地图册的出版中心。

为了便于阅读，书籍制作者开始更加注重设计。机械造纸机、轮转印刷机的发明改善了印刷的质量和速度，石印、摄影等技术的发展使图像还原技术进一步提升。

1928年，伦敦出版了专业的书籍设计杂志，公开倡导书籍艺术之美的理念，向世界展示书籍设计艺术的进展状况，代表人物威廉•莫里斯被誉为现代书籍艺术的开拓者，他领导了英国的"工艺美术"运动，给书籍设计带来了前所未有的自由空间。他于1891年成立了凯姆斯科特出版印刷社，一生共制作了52种66卷精美的书籍。他崇尚淳朴浪漫的哥特艺术风格，受日本装饰风格的影响，他倡导艺术与手工艺相结合，强调艺术与生活相融合的设计理念，其代表作品是《乔叟诗集》。莫里斯在这本书里采用全新的字体和纹饰设计，他引用中世纪手抄本的设计理念，将文字、插图、活字印刷、版式构成合为一体，完美体现他所倡导的"书籍之美"理念，《乔叟诗集》被认为是书籍设计史上的典范(图3.12)。

图3.12　《乔叟诗集》扉页设计／威廉•莫里斯／英国

图3.12 《乔叟诗集》扉页设计／威廉·莫里斯／英国（续）

3.4 20世纪现代书籍设计流派

20世纪的欧洲，书籍已成为社会信息传达最重要的媒介。面对新的阅读环境和传播媒介，书籍设计师利用个性时尚的书籍设计语言创造出一个个风格独特的书籍作品。

3.4.1 德国表现主义

德国表现主义不再把自然视为艺术的首要目标，开始通过线条、形体和色彩来表现情绪与感觉，并将其作为艺术的审美取向。以凯尔希纳为代表的"乔社"俱乐部和以康定斯基为首的"青骑士"俱乐部，从1907——1927年创作了大量的绘本书籍。他们在设计中着重表现内在的情感和心理反应，如其代表作品《梦见少年》，反对模仿自然，强调艺术语言表现形式，画面形态倾斜摇摆，将文学性、戏剧性的自我表现完美地融入书籍设计中（图3.13）。

图3.13 《梦见少年》封面设计／奥斯卡·可可西卡／澳大利亚

3.4.2 意大利未来派

1909 年意大利的未来派由诗人马里内蒂的"自由语言"宣言而得名，作为一个运动而提出，其在版面设计方面进行了实验性的创作探索。"未来主义"称谓是在近代工业技术革新运动中诞生，涉及绘画、文学、音乐、戏剧、服装设计、工业设计等领域。未来派的平面设计理念通过报刊书籍这一类信息媒介广泛宣传，未来派书籍设计最大的特征是对视觉语言最有力度的运用，提倡"自由文字"的原则，认为书籍语言具有速度感、运动感和冲击力，在版面中否定传统的文法和惯常的编排方法，呈现无政府主义式的、不定格式的布局。其设计文字自由配置、缩放和变换，具有动感和视觉冲击力，同时对传统线性阅读发起了挑战（图 3.14、图 3.15）。

图3.14 《未来派自由态语言》封面设计
／马里内蒂·可可西卡／意大利

图3.15 《未来派 DEPERO》
封面设计／德帕罗／意大利

3.4.3 俄罗斯构成主义

俄罗斯构成主义又名结构主义，它脱离了传统艺术材料并结合不同的元素去构筑新视野，进一步推动了未来派的实验性设计。俄国革命运动、社会的变革和为革命的宣传活动给了诗人与画家合作的机会，他们创造了丰富的书籍艺术作品。其中最有影响力的是极其抽象的构成主义作品《两个正方形》和《艺术主义》，

图3.16 《两个正方形》《艺术主义》封面设计／利希斯基／俄国

设计简约概括且有冲击力（图 3.16）。俄罗斯构成主义设计主张艺术为政治服务，《艺术左翼战线》杂志是这一时期最具代表性的作品，版面编排以简单的几何图形和纵横结构为装饰，色彩单纯，文字简单。俄罗斯构成主义设计的书在编排设计和印刷平面设计两个领域具有革新的意义，可以说这是现代艺术书籍的起点（图 3.17、图 3.18）。

图3.17 《艺术左翼战线》封面设计
／马列维奇／俄国

图3.18 《干涉证明》拼贴画
／卡洛·卡拉／俄国

3.4.4 达达主义设计

　　达达主义艺术运动是1916——1923年间出现于法国、德国和瑞士的一种艺术流派。达达派以文学运动开始，很快发展到包括诗歌、表演艺术、抽象拼贴画和蒙太奇照片在内的各个领域。达达主义由一群年轻的艺术家和反战人士组成，没有稳定的艺术形式特点，其内容均是关于新材料、新观念和新一代人的，并试图通过废除传统文化和美学形式发现真正的现实。达达派的书籍设计表现出荒诞、没有固定章法的特质。在版面设计中突破传统的设计原则，把文字当作游戏的元素，使用多种类型的字体和粗细线（图3.19）。较多地采用拼贴、照片蒙太奇等方法进行创作，强调偶然性和机会性。达达主义的反叛性使它成为20世纪早期一场有影响力的运动，并且成为现代和未来设计的典范。

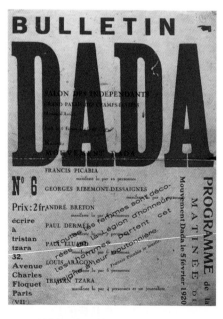

图3.19 《达达公告》第六期的封面／马塞尔·杜尚

3.4.5 荷兰风格派设计

风格派于 1917 年在荷兰出现，其代表人物是蒙德里安和凡·杜斯堡，他们拒绝使用任何具象元素，只用单纯的色彩和几何形象来表现纯粹的精神，因此其书籍设计具有高度的视觉传达特点。杜斯柏格编辑《风格》杂志创办于 1916 年，主张艺术需要"抽象和简化"。设计追求纯洁性、必然性、规律性和非对称性，设计作品反复运用纵横几何图结构、直线、矩形和方块，完全拒绝使用任何具象元素，主张用抽象几何形作为绘画和设计的基本元素，认为只有抛开具体描绘对象的细节才能获得纯粹的精神表现。蒙德里安是风格派运动幕后艺术家和非具象绘画的创始人之一，其著名作品《红黄蓝构成》对后代的建筑、设计等影响很大（图 3.20）。凡·杜斯堡是风格派另一位核心人物，它放弃了蒙德里安所坚守的"垂线—水平线"图式，把斜线引入其绘画创作之中（图 3.21）。

图3-20 红黄蓝构成/蒙德里安（荷兰）

图3.21 抽象图形/凡·杜斯堡（荷兰）

3.4.6 超现实主义设计

衍生于达达主义的超现实主义，是 1924 年由一群参加过第一次世界大战的法国青年发起的。超现实主义者的宗旨是离开现实，返回原始，否认理性的作用，他们关注的主要是下意识或无意识活动。他们认为社会表象虚伪，因此在设计中找寻真实，从潜意识中解读周围世界，用诗意的创作解放人的精神世界。他们的书籍设计使人的直觉和幻想得以在平面设计中表达出来，这是诗人、作家和艺术家之间相互交流产生的结果。法国的主观唯心主义哲学家柏格林的直觉主义与奥地利精神病理家弗洛伊德的"下意识"学说奠定了超现实主义的哲学理论基础。

雷尼·马格利特的作品汇集了有目的的、理性的视觉错置，颠倒了人们对于现实世界的经验（图 3.22）。达利为了寻找超现实的幻觉，曾经去了解精神患者的意识，因为他们的言论和行动通常是一种潜意识的、最真诚的反映。《记忆的永恒》描绘了一个已经绝对停止的时间（图 3.23），是达利的代表作品之一。

图3.22　超现实主义作品/马格利特（比利时）

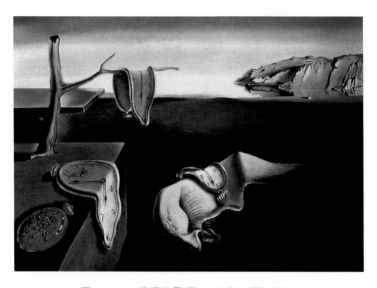

图3.23　《记忆的永恒》/达利（西班牙）

3.4.7　包豪斯设计

　　包豪斯艺术学院推行的新设计教育运动，吸收了荷兰风格派和俄罗斯构成主义的探索成果，并不断加以发展和完善，因此该学院具备了书籍设计的环境与氛围。学院有专门的出版部进行字体、编排和印刷广告等方面的设计创作，由学院教师执笔编辑、莫霍里·纳吉设计的《包豪斯丛书》14卷已成为设计教育的范本，成为学院最有效的宣传工具，并为纳吉在欧洲大陆之外赢得了荣誉（图3.24）。其封面设计一方面强调视觉中的二维性表达方式，即运用平面化的视觉语言；另一方面又利用编排方面的技巧，将深度感引入版面之中。他利用几何要素设计虚拟空间，这与构成主义理念是一脉相通的。

《魏玛国立包豪斯》更是集大成之作，在设计中强调简洁明快，强调编辑、版面、逻辑、理性的艺术取向，具有主题鲜明及富有时代感的特点，为世界书籍设计留下了宝贵的资源（图 3.25）。

图3.24　《包豪斯丛书》封面设计／莫霍里·纳吉／德国

图3.25　《魏玛国立包豪斯》封面设计／贝尔培特·拜尔／德国

3.4.8　分离主义风格

19 世纪后半期，分离主义风格几乎同时在欧洲几个国家兴起，而各国都带有自身的民族特色，且名称各异，如奥地利、比利时称之为分离主义，德国称"青年风格"，法国称"新艺术"，荷兰称"现代风格"等。它主张艺术结合生活，艺术要与人的生活环境相协调，从书籍设计到室内环境，都要求以唯美的形式适应现代生活。如《伦敦市教会》封面设计的局部均受整体设计的制约，是典型的分离主义风格（图 3.26）。

图3.26　《伦敦市教会》封面设计／阿瑟·马克穆多／英国

3.4.9 瑞士平面设计

20世纪50年代，瑞士平面设计简单明了、稳健平和的风格给人的印象深刻。该风格形成于联邦德国和瑞士，并迅速风靡世界。在版面设计上，它以网格作为设计的基础，字体、插图、照片等采用非对称的方式安排在标准化的网格中，强调设计的统一性、功能性。其版面呈现简单的纵横结构，文字设计具有简洁而准确的视觉特征，其设计规则一直延续到今天。《十位苏黎世画家》是艾米尔·鲁德1956年为巴塞尔艺术馆十位现代画家作品展所创作的招贴海报。从整体上来看，该海报以简单的方格网络作为基本骨骼，并运用了非对称的布局方式。数字"10"，以及主题"zurcher maler"与人名信息的稳重简洁，体现出强烈的秩序感（图3.27）。

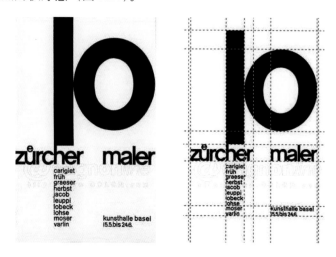

图3.27 《十位苏黎世画家》及方格网络分析图/艾米尔·鲁德

艾米尔·鲁德将版式设计中的字体元素通过简单的方格网络结构和近乎标准化的版面公式，来达到设计上和谐统一的目的。这种科学性构成的设计理念具有鲜明的目的性，使设计作品更精细、严谨，更具有视觉冲击力（图3.28）。

图3.28 《Typographie》

3.4.10 波普艺术风格

波普艺术是在美国现代文明的影响下而产生的一种国际性艺术运动。它代表着一种流行文化，多以社会上流的形象或戏剧中的偶然事件作为表现内容。20 世纪是书籍艺术争奇斗艳的角逐场，使得设计家们得以大显身手。他们在书籍设计中借助大众传媒式的流动性图像影视手段，表现出多样化的艺术形式和文字风格。书籍设计具有独立的艺术价值，可供读者在品味鉴赏的同时感受艺术的风格（图 3.29）。

图3.29　波普艺术/安迪·沃霍

3.4.11 数码主义

20 世纪末，现代视听技术介入数码设计，使得书籍设计迈入了一个技术革新的新时代。与传统的手工绘制艺术相比，其新颖独特的视觉冲击、听觉效果、丰富的字体和精美的印刷质量，给书籍设计师提供了更多的技术支撑。书籍的形式与内容得到了很好的统一，艺术与技术有了完美的融合，书籍设计的工作效率和表现手段也得到了提高。

3.5 作品欣赏

　　杉浦康平的设计注重理性思考，以及对图形和色彩的运用。他的作品对亚洲图像、装饰文字、东方民俗文化和藏传密教曼荼罗进行了深度探索和精妙运用（图3.30）。

图3.30　书籍设计／杉浦康平

　　如图3.31所示是为查理斯五世而设计制作的纯手工书，作品将装饰浮雕与繁杂的手工工艺进行巧妙结合。

　　文艺复兴时期的人们在美术方面取得了很高的成就，可以在平面上表现三度空间，欧洲写实绘画和铜版画在书籍插图中得到了广泛应用（图3.32）。

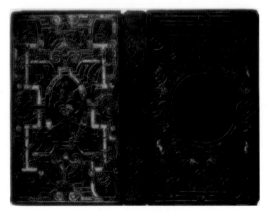

图3.31　比利时铜版画　　　　　　　　图3.32　英国插图

如图 3.33 所示的封面设计，运用传统工艺烫金、对称的形式和连续适合的装饰纹样，体现了欧洲雍容华贵的书籍设计审美追求。

图3.33　精装书籍封面设计

图 3.34 为一个精致的书籍设计作品，设计者将书的外包装做得像一个书柜。

图3.34　书盒设计（荷兰）

图 3.35 所示的版式与插图，以从自然中提炼出的花草等形象进行设计，经过艺术加工成为装饰边框，线条华丽柔美，体现出独特的风格和强烈的装饰感。

图3.35　版式与插图

本章小结

　　书籍不仅是知识的传播工具，更是现代设计理念的物化表现。本章通过对外国书籍设计历史发展的脉络梳理，分析了不同的艺术风格、文化形式和设计内容，以及对当代书籍设计的影响及未来的启示。

思考题

　　1. 以一两件书籍设计作品为例，分析其装饰性、功能性、趣味性和思想性。
　　2. 简单列举八种古今中外非纸质书籍。

练习题

　　1. 完成一幅书籍设计封面的草图，对文字、图形作细致的规划，并写出设计说明。
　　2. 完成一幅书籍设计封面，在设计中将中国传统文化元素与世界各民族优秀文化元素进行有机整合。

第 4 章　书籍的构成要素与基本形态

教学目标

通过图表了解书籍设计的构成要素，认识书籍各个构成要素之间的关系，掌握基本的设计创意和规律方法，在书籍形态设计中不断开拓创新，提高学生的创作能力。

教学要求

认识和理解书籍设计的方法、过程和步骤，拥有独立的设计意识和视觉审美能力，能独立完成相关书籍的设计。

20 世纪法国著名的历史学家鲁西安·费伯（Lucien Febvre）曾经这样描述过书籍的特殊性："书籍永久性地汇集了所有领域里最卓越的、充满创造性的灵魂作品……创造出新的思考习惯，不仅是学术性的，而且是远超这一范围的，大于全部运用他们心灵的智识生命。"

书籍设计师将创意和思考转变为视觉元素的第一步，是对书籍整体风格的把握，通过对全部构造元素的综合，进行由内而外的协调统一的处理过程。

4.1 书籍的构成要素

　　现代书籍的整体设计可分为两部分,即外观部分和书芯部分。外观部分主要包括书盒、护封、腰封、书脊,还有封面(或称面封)、封底(或称底封)、书角、环衬、护页、切口、函套和书函等(图 4.1)。书芯部分主要包括扉页、目录、版权页、前言页、目录页、章节页、正文、插图页等(图 4.2)。每一个相对独立的书籍构成要素,都是书籍与读者进行沟通和互动的载体,也是书籍设计师全面综合书籍信息后创造性的设计展示。

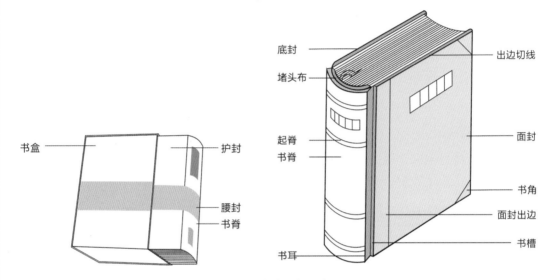

图4.1　书籍结构示意图

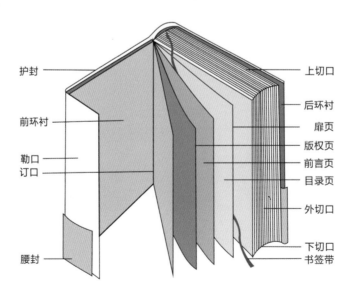

图4.2　书籍的主要构成要素

4.1.1 护封

护封也称封套、全护封或外包封，一般用于精装书或经典著作。护封是书籍设计的重要组成部分，它的组成部分如图4.3所示。护封不仅具有装饰保护书籍封面、传递书籍信息的功能，还能增强书籍的审美情趣和文化品质，吸引读者购买。一般用于护封设计的材料以纸张为主，如铜版纸、亚粉纸或牛皮纸等，此外还有织物纤维、丝绸、亚麻、皮革、合成树脂等材料。

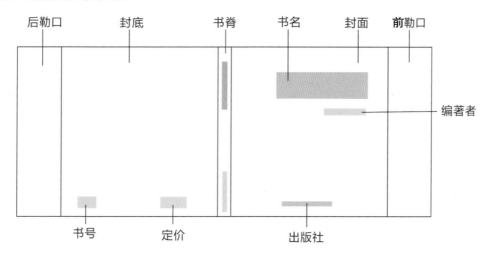

图4.3　书籍护封的组成部分

文字、图形、色彩、材料是护封的四大设计要素。寓意深厚的图形、清新独特的色彩、端庄凝练的文字组合、新颖恰当的工艺材料，会给读者带来高雅的视觉和触觉享受。

1．文字

护封文字可以让读者第一时间了解书籍的信息，它主要介绍书籍的名称、编著者、出版社等内容，护封文字还可以展现系列书刊名、副标题、内容摘要等。护封文字有主次之分，一般首先突出的是书名，其次是副标题和作者，最后是出版社名和出版社LOGO等（图4.4）。

图4.4　护封文字设计

2. 图形

图形创意是护封设计的关键。摄影技术、电脑技术以及多媒体技术的不断发展给予图形越来越丰富的表现形式。图形有文字图形、具象图形、装饰图形、漫画图形、肌理图形和抽象图形等，其象征手法的运用和间接的表达形式，不仅能增加书籍本身的直观性、趣味性和可读性（图4.5），而且能展示书籍独特的艺术风格并促进销售。

图4.5　护封图形设计

3. 色彩

色彩比图形更能吸引读者关注，合理的色彩表现和艺术处理能产生良好的视觉效果，同时可以抽象地表达书籍内容。根据书籍的个性和读者的年龄段去设计与之相匹配的主色调是书籍设计成功的关键（图4.6、图4.7）。

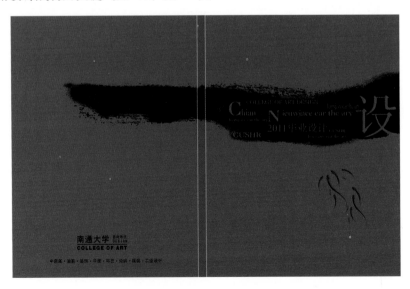

图4.6　护封色彩设计/成效洋（指导老师：陆晓云）

图4.7　《校友风采录》书籍封面色彩设计

4．材料

　　材料是封面的气质体现，给读者更多的是视觉、触觉和心理上的体会和感受。在书籍设计中，有的使用布材质包装书籍，以体现柔韧的质感和手工的趣味（图4.8）；也有的采用厚重的纸设计（常用不同克重的铜版纸，也有艺术特种纸），不同纸的肌理和色彩可为书籍的封面增光添色（图4.9）；还有的采用有机塑料等特种材料，其工艺较为复杂，生产成本也会增加（图4.10）。

图4.8　护封（布扎）

图4.9　布面专色印刷

图4.10 护封（有机玻璃材料）

4.1.2 封面

封面是书籍的"第一张脸"，也是书籍内容的缩影。简装书籍是为了适应现代印刷的特点和需要，它的封面相当于精装书籍的护封。《南通审判》杂志用网格增加了封面的肌理感和层次感，同时隐喻法网恢恢疏而不漏（图4.11）。

图4.11 《南通审判》杂志封面设计

《秦砖汉瓦》和《逗影》封面以民间艺术符号作为装饰图案，突出了东方民族文化的内涵（图4.12、图4.13）。

图4.12 《秦砖汉瓦》封面设计/张珏（指导老师：陆晓云）

图4.13 《追影》封面设计/张梅（指导老师：陆晓云）

4.1.3　腰封

　　腰封用来装饰护封，一般用于精装书籍，是包裹在书籍护封或封面外的一条腰带纸。腰封的宽度一般相当于书籍高度的1/3，也可根据设计师的设计意图进行适当调整；长度能包裹面封、书脊和底封，还需有前勒口和后勒口。根据书籍设计的需求可在腰封上设计与该书籍相关的宣传、推介性文字以及相关补充内容（图4.14至图4.16）。

图4.14　《创意市集产品型录》书籍腰封设计／朱淘

图4.15　书籍腰封设计／敬人书籍设计

图4.16　腰封设计

4.1.4　书脊

　　书脊位于书籍的背侧，是封面的组成部分。书脊可传递书名、出版社、编著者等信息，便于读者在书架上寻找识别。书名通常置于书脊上端且字体略大，出版社放置下端且字体略小。书芯厚度决定书脊的厚度，书脊的厚度限定了书脊上字体的大小（图4.17）。丛书的书脊应印丛书名和出版者名，多卷成套的要印卷次（图4.18）；精装书的书脊还可加上装饰纹样，或采用丝网印刷、烫金、压痕等诸多工艺进行处理；有的书脊设计新颖，可以直接看到装订的内芯（图4.19）。

图4.17　书脊设计（一）

图4.18　书脊设计（二）

图4.19　书脊设计（三）

4.1.5　环衬页

环衬页也叫蝴蝶页，是连接封面、封底与书芯的对折连页纸。封面和扉页之间的环衬称为前环衬，书芯和封底之间的环衬是后环衬，其功能是把封面和书芯连接在一起并使之牢固。环衬页上一般没有文字、图片等内容，主要是在封面和书芯之间进行视觉的缓冲和过渡（图4.20）。

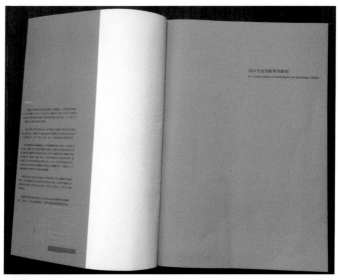

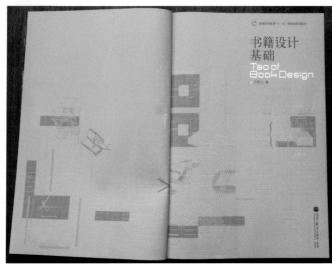

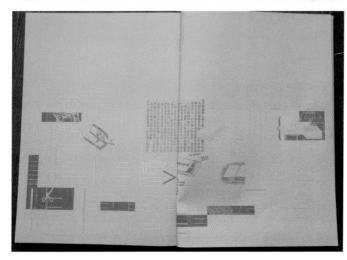

图4.20 《书籍设计基础》环衬、扉页等设计

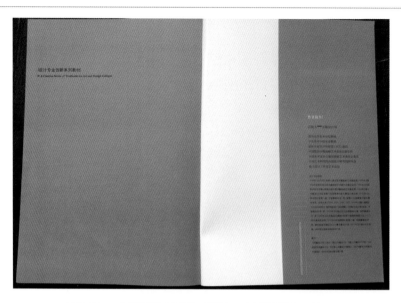

图4.20 《书籍设计基础》环衬、扉页等设计（续）

4.1.6 扉页

扉页亦称书名页、副封面，位置在环衬页之后，在目录或前言页前。扉页包含书名、副书名、著译者姓名、校编、卷次及出版社等信息要素。扉页设计以简法大方为主，字体应与封面相呼应，而且其格式大致相同。扉页多采用单色或有肌理效果的高档纸（图 4.21）。

图4.21 《恺撒战记·内战记》扉页设计

4.1.7 序言页

序言也称前言，一般放在正文之前，也可附在书尾，称为后语或后记等（图 4.22）。常见的有作者序、专家序和译者序三种。

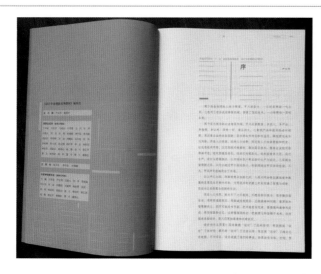

图4.22 《书籍设计基础》序言页设计

4.1.8 目录页

目录页汇总了全书各章节标题，是全书的内容纲领（图 4.23）。目录页的设计要求条理分明，与页码同时使用，便于读者迅速检索了解全书的内容。目录一般放在扉页和前言之后，书籍正文之前。目录页的字体、字号大小应与正文得字体、字号相协调。

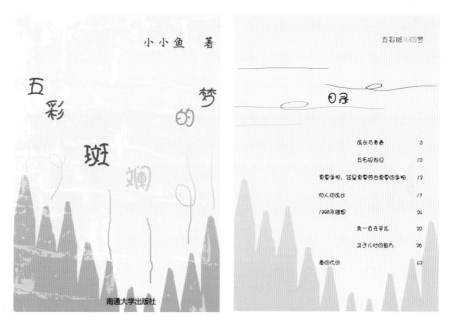

图4.23 扉页、目录设计/屠程程（指导老师：陆晓云）

4.1.9 版权页

版权页是一本书的出版记录及查询版本的依据，具有法律意义。一般在正文之后空白页的反面，也可放在扉页的反面（图 4.24）。版权页一般包括书名、丛书名、编著者、翻译者、出版商、印刷单位、出版时间、版次、印次、开本、印数、字数、国家统一出版书号、图书在版编目（CIP）数据等内容，是国家出版主管部门检查出版计划情况的统计资料。

图4.24　扉页、版权页设计/陈娟（指导老师：陆晓云）

4.1.10　书眉

　　书眉是指排印在书籍版心以外的篇题、章节名或书刊名，多与页码排成行或列，以便读者翻阅检索（图4.25）。篇章节较多的书籍都会排印书眉，通常双页码排篇题，单页码排章题；书眉所用字号一般比正文字号小，字体可以合理变化。书眉的设计要保持与书籍设计风格的一致，力求给读者以美的视觉享受。书眉还可以加入一些简单的纹样进行装饰，以提高书籍的观赏性及读者的兴趣。

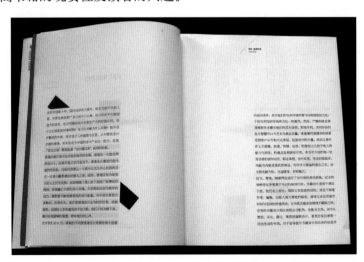

图4.25　封面、扉页、目录、正文、书眉、页码设计/徐玮（指导老师：陆晓云）

4.1.11 页码

页码是记载书页顺序的数字号码，可方便书页印装和读者检索，一般分为单页码、双页码、正文页码、辅文页码、暗页码等。书籍从第一页到最后一页进行连续编号，通常空白页和插图超版面的不排页码，而用暗页码（页码连续计数，但不印出）。页码使用的字号、字体应根据书籍的性质、开本和版式来确定，也可用图形、线条进行装饰（图4.26）。

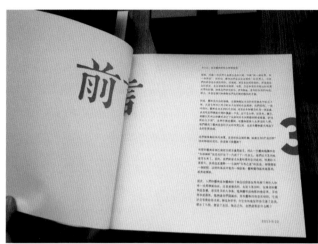

图4.26 页码设计

4.1.12 勒口

勒口又称折口，书籍勒口是书籍的封面和封底在书口处的延伸，可使封面平整坚实，一般宽为10厘米左右并向里转折，以不超过封面宽度的1/2为宜（图4.27）。勒口部分一般放置作者简介、内容提要、丛书目录、图书宣传文字等内容。

图4.27 封面勒口设计/刘凯凯（指导老师：陆晓云）

4.1.13　订口

订口指书刊装订处到版心之间的空白部分。订口的装订主要分为平订、骑马订、锁线订、胶订、塑料线烫订等。横排版的书籍订口多在书籍的左侧，竖排版的则在书籍的右侧。

4.1.14　切口

切口是指书籍除订口外的其余三面切光的部位，分为上切口、下切口和外切口，切口设计体现了设计师的奇思妙想。

传统的手工精装书切口采用颜色或纹理修饰，宗教出版物常用镶金工艺装点。现代书籍的切口已不拘泥于特定的形状，可不在一个平面或采用不规则刀口外形，还可利用切口面组成图形画面或用色彩分区域识别，如《旋杉浦康平的设计世界》，切口按时间划分区域并设计成几何形，涂以不同的色彩，便于读者查阅（图 4.28）。

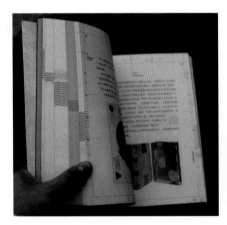

图4.28　《旋杉浦康平的设计世界》书籍切口设计

吕敬人先生设计的《梅兰芳全传》书籍切口，通过书籍的左右翻转将梅兰芳舞台形象和生活形象印制出来，独特的切口工艺形式让读者深深为之吸引，更加感怀艺术家台上、台下的艺术形象（图 4.29）。

图4.29　《梅兰芳全传》书籍切口设计

4.1.15　封底

　　封底又称底封，其设计风格与封面、书脊的设计风格协调连贯，还可以延伸封面的设计美感。一般封底上方印有内容提要、作者简介、责任编辑、装帧设计者、出版社等信息，下方通常印有图书条形码、书号、定价等版权信息（图4.30）。

图4.30　《古都》封面、封底设计／夏曼青（指导老师：陆晓云）

4.1.16　书函

　　书函又称函套，是包装书册的盒子，主要用来保护书籍，与封面设计的整体风格和谐统一，常用于精装书、系列书和特种书。书函的形式有两种：一种是书函内放一本书，这种书函的大小、厚薄必须与书籍一致，如杉浦康平先生设计的《大辞林》，书盒外观上的设计就可以让读者对每一部书籍的不同内容一目了然；另一种是书函内放多本书，传统线装书、系列精装书等多采用此书函，如杉浦康平先生设计的《持剑勇士的世界》中五册书与书盒浑然一体（图4.31）。

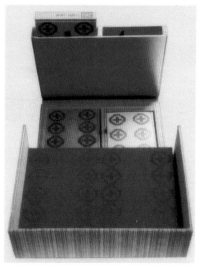

图4.31　《大辞林》《持剑勇士的世界》书籍函套设计／杉浦康平

4.2 书籍的基本形态

一本书的魅力不仅取决于文字散发的能量，还与书籍形态所承载的历史感、形态感以及质量感有关。

书籍形态往往指书籍的外观与内部形式组合而成的整体视觉造型，也指书籍的神态。在漫长的书籍演变过程中，书籍形态从甲骨文到竹木简，从丝帛到经折装，从线装书再到电子书，形成了丰富的书籍形态体系。

4.2.1 开本

在书籍设计中，合理的尺度和体量选择非常重要，它是书籍的空间语言。对尺度和体量的把握是由书籍的开本来决定的，开本是书籍形态设计的第一步。

1．开本的概念

自从书籍进入册页装订以后，才真正明确了开本的概念。开本指书刊幅面的规格大小，也就是书的面积。在不浪费纸张且便于印刷和装订的前提下，把一张纸所分割成的面积相等的纸的数量即为开本的命名。通常以整张印刷纸张，采用不同的分割方式形成书籍的尺寸规格，如16开就是一张全开纸1/16的大小。

2．常用纸张的开法

未经裁切的纸为全开纸，对折后称为半开或对开，半开纸再对折为4开，4开纸再对折为8开……以此类推（图4.32）。当纸不按2的倍数裁切，而按各小张横竖方向的开纸法又可分为正开法和叉开法两种（图4.33、图4.34）。此外，为了充分利用纸张的面积，还有许多混合开纸法，又称套开法或不规则开纸法（图4.35）。

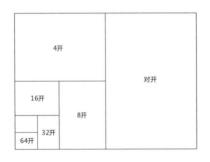

图4.32　全开纸标准开数分割法

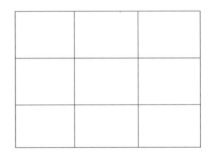

图4.33　正开法

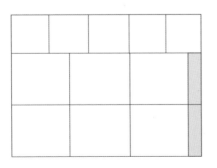

图4.34　叉开法

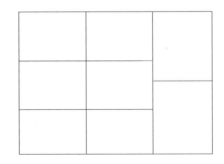

图4.35　混合开法

使用标准尺寸的纸张并按国家标准分切，充分确保纸张的高效使用，是不浪费纸张、控制印刷成本以及便于印刷的先决条件。

用 787mm×1092mm 标准全开纸切成的开本尺寸如下：

4 开本	381mm×533mm
6 开本	356mm×381mm
8 开本	267mm×381mm
12 开本	251mm×260mm
16 开本	191mm×263mm
18 开本	175mm×251mm
20 开本	186mm×210mm
24 开本	175mm×186mm
28 开本	151mm×186mm
32 开本	130mm×186mm
36 开本	125mm×173mm
40 开本	132mm×151mm
42 开本	106mm×173mm
48 开本	94mm×173mm
64 开本	92mm×129mm

3. 开本的选择

随着人们生活方式和阅读习惯的改变，书籍开本的选择也更加多元化，让读者耳目一新（图 4.36）。

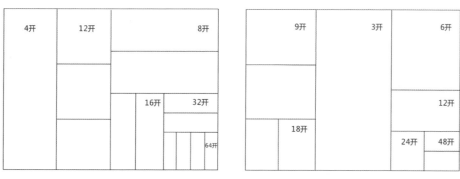

图4.36 全开纸特殊开数分割法

在进行书籍设计之前，设计师往往要在了解书籍性质内容和读者需求之后再来确定开本形式。例如，图表较多、篇幅较大的画册或者期刊，通常采用 12 开以上的大型开本，以达到图文并茂的效果；学术著作、艺术杂志、教材等信息量大的书采用 16 开的中型开本以便查阅；文学书籍、中小学课本、手册等，多选择 32 开的小开本以便翻阅；而某些工具书、小字典、诗集和连环画则会使用 64 开等更小型开本以便随身携带；老年读物字体和开本相对大些提高可视性，儿童读物则用小开本或特殊开本以增加其阅读趣味。

4.2.2 比例

比例是数量之间的对比关系，是技术制图中的术语，书籍设计中的比例是指开本的宽度和高度的线性尺寸之比。

1．黄金分割

古希腊数学家毕达哥拉斯（Pythagoras）提出了著名的"黄金分割"，又称黄金分割率，它指事物各部分之间的数学比例关系决定了事物的构造以及事物之间的和谐程度。黄金分割率的长宽比为 1：0.618 或 0.618：1，人们一致认为这是最具有审美意义的数值比例(图4.37)。如今这个数值比例在绘画雕塑、音乐舞蹈、建筑装潢、公共艺术等领域得到广泛运用，古今中外书籍的基本形态均为长方形，不仅符合黄金分割比率，而且使用方便。

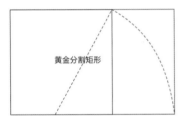
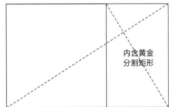
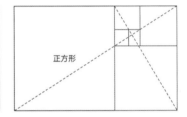

图4.37　黄金分割

当一种比例或尺度被人们普遍认可时，比例尺度法则就起到审美标准的作用。比例与尺度的法则是客观形态与人的心理关系的法则，因此设计师需要从总体上衡量或考虑作品的整体与局部之间的关系，以及局部与局部之间的关系，从而使画面的构成分割合乎情理。

如今，设计师、艺术家、建筑学家、数学家和天文学家广泛采用黄金分割法则。例如，利用黄金矩形分割设计的图片有美国 GSH 设计公司和日本羊毛毯标志设计（图 4.38）。

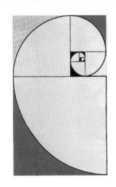
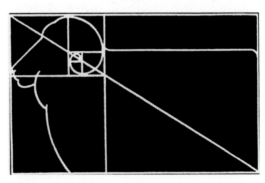

图4.38　美国GSH设计公司/日本羊毛毯标志设计

2．根号比例

现今世界上大多数国家现代工业化生产是建立在模数基础上的，并使用了国际标准ISO216的纸张尺寸，ISO216的格式遵循着 $1:\sqrt{2}$（$1:1.4142$）的高宽比；它提供了一套完整的纸张大小参考，可以满足大多数的印刷需求（图4.39）。

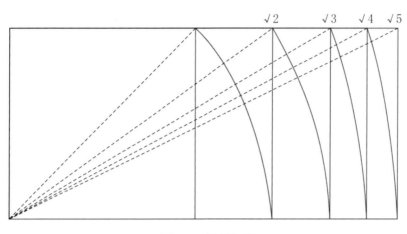

图4.39　根号比例

4.2.3　装订

装订指将印刷完毕的书页加工成册。书刊的装订包括订和装两大工序。订就是对书芯进行加工，是将书页订成本。装主要是对封面、书套和书盒进行的加工。

书籍装订的形式主要有胶订、骑马订、平订、锁线订和环订等。精装书多采用锁线订和胶订，平装书多采用骑马订、平订，挂历、艺术书、效果图采用环订较多。

1．平订

平订即铁丝平钉，是将印好的书页经折页、配帖成册后，在钉口一边用铁丝订书机钉牢，再包上封面的装订方法（图4.40）。铁丝订书易受潮生锈，影响美观，所以多用于一般书籍的装订。

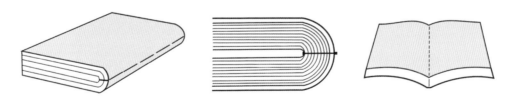

图4.40　平订

2．骑马订

书籍在装订之时，将书页摺好至装订机上装订。打开书可以看到整本书以中间钉子为中心，全书的第一页与最后一页对称相接，最中间的两页也以其为中心对称相连（图4.41）。骑马订的书刊不宜过厚，薄型册子的内页和封面一起在书脊折口穿铁丝，称为"骑马订"。

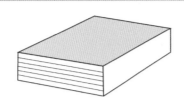
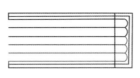
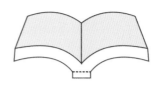

图4.41　骑马订

3．锁线订

锁线订是按顺序用线将书册订联锁紧的联结方法，装上护封后，除书脊以外三边裁齐成书。锁线订比较牢固且易保存，适合任何厚度的书，所以常用于做精装、平装和豪华装的书籍加工（图4.42）。锁线形式有平锁和交叉锁两种。很多书籍为节约成本而采用铁丝双钉。

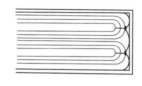
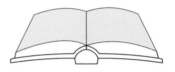

图4.42　锁线订

4．胶订

胶订就是用热熔胶将书芯粘在一起装订，再包上封面成书。因其相对低廉快捷，适用于大多图书，也用来做招标文件（图 4.43）。

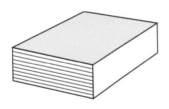
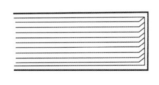

图4.43　胶订

5．环订

环订是一种利用梳形夹、螺旋线等订书材料对散页进行装订的印后加工工艺。环订操作简单，且环订书籍外观简洁，可将整页书完全平铺展开阅读（图4.44）。

图4.44　环订

4.3 学生作品欣赏

学生作品欣赏如图 4.45 至图 4.47 所示。

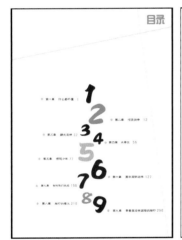

图4.45 封面、序言、目录、正文设计/毛蕾（指导老师：陆晓云）

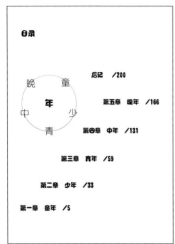

图4.46 封面、扉页、目录、正文设计/倪学成（指导老师：陆晓云）

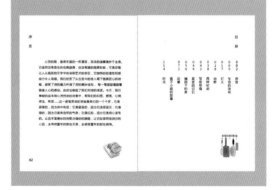

图4.47 封面、扉页、序言、目录设计/纪哈杨（指导老师：陆晓云）

本章小结

书籍的结构和形态在书籍设计中的地位特殊，而且比较重要。在书籍设计中，它与作品的每一部分都是互相关联的，它就像贯穿作品始终的一条主线。

思考题

1. 书籍的构成要素是什么？如何理解书籍各构成要素与整体性设计之间的关系。
2. 书籍的开本设计要考虑哪些因素？请举例说明常用的书籍开本。

练习题

1. 运用个性化与艺术化的设计语言来完成一本书籍护封、扉页、正文、辅文、页码和书眉等的设计。
2. 自选一部优秀的书籍设计作品，对其进行全面的设计分析和评价，并进行改良设计。

第 5 章　书籍的设计语言

教学目标

通过介绍书籍的设计语言，并结合大量的书籍设计图片，提高学生的专业审美水平和实际应用能力，以及学生的独立思考能力和对学习的主动性。

教学要求

掌握书籍设计的概念和分类，对书籍设计的内容、风格和分类有较为准确的把握，在理解的基础上学会欣赏和分析设计作品，并进行适当的草图练习。

书籍是外在美与内在美的结合，好的书籍设计不仅能给读者带来感官上的享受，而且能够愉悦读者的心灵，因此书籍设计具有特殊的社会价值。

5.1 书籍封面的设计语言

书籍封面具有保护书籍和传递信息的功能，也凝聚着书的内容和内涵。其图形的表现、字体的运用、色彩的驾驭、材料的选择以及节奏的把握，都是设计语言的具体表现。

5.1.1 图形

在各种形态优美的书籍封面设计中，图形的作用不可低估。

1．具象表现

插画和摄影的具象表现手法在近现代书籍设计中得以普遍应用，它不仅可以直观地传递书籍的信息和内涵，而且可以更好地为读者带来美的享受（图5.1、图5.2）。

图5.1　插画表现书籍封面设计

图5.2　摄影表现书籍封面设计

2．抽象表现

抽象表现封面图形以纯粹抽象图形为主，抽象性元素在艺术形式感上具有极高的原创性、现代感和艺术性，这使书籍设计更接近于一种艺术品的诠释。

《姹紫嫣红牡丹亭》的封面设计将色彩和肌理大胆运用在封面设计中，让读者在绚丽抽象的色彩和隐约疏密的点中慢慢品味书籍的内容（图5.3）。

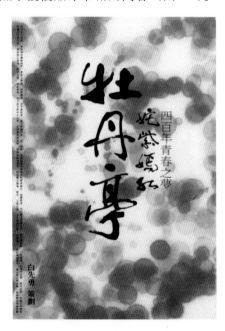

图5.3　《姹紫嫣红牡丹亭》书籍封面设计

《解读　批判　重构》的封面用类似逗号、感叹号和句号的抽象图形进行设计，使书的封面具有独特的视觉符号感，恰当地升华了主题内容（图5.4）。

图5.4　书籍封面设计

3．装饰性表现

装饰性不受自然真实形态和色彩的束缚，而是服从于主观视觉美感，经过抽象提取、夸张变形等装饰手法将图形及色彩完美地融于封面之中。装饰手法不同，表现形式和装饰效果也不尽相同。有的装饰图形和文字挥洒淋漓，使书籍封面显得生动活泼；有的色彩图形典雅别致，增强了书籍的文化气息（图5.5）。

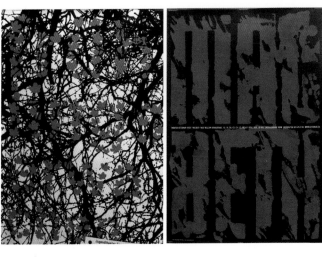

图5.5　第二届中国大学生书籍设计展

4．象征性表现

象征是艺术表现力最强的语言，象征图形是设计师对书籍内容经过深层思考后的一种"有意味的形式"的视觉表达。用具象形态来表现抽象概念，或用抽象形态来表达具象事物，都是常用的象征设计手法。

设计创新需要以传统文化艺术作为依托。中国的传统造型艺术博大精深，有着丰富的设计元素，如国画、书法、印章、图腾、秦砖、瓦当、脸谱、苗绣、兵马俑等，这为设计师的艺术创作带来了丰富的创作源泉。中国书籍设计师用自己独到的审美视角发掘并延伸文化形态和艺术语言表达方式，在弘扬民族精神、提升书籍艺术品位的同时，赋予了中国文化新的内涵和生命力。如用水墨符号、民间剪纸符号等，传递出浓郁的中国气息（图5.6、图5.7）。

图5.6　《风筝》书籍封面设计

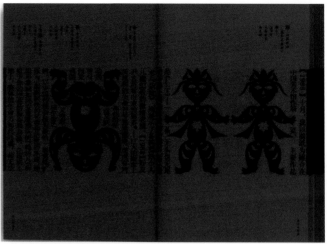

图5.7 《小红人的故事》封面设计

5.1.2 文字

文字在封面设计中不仅具有传递信息的功能，也起文字图形的作用。文字图形在书籍封面中特征鲜明，不仅展示了设计师的设计素养，还决定了出版物的设计品质。无论是中文字体还是西文字体，都有着各自的文字历史传承和文化底蕴。不同的字体形式，或手书体，或印刷体，都会表现出异于其他字体的独特的气质（图5.8）。

图5.8 文字封面设计

5.1.3 色彩

色彩是书籍设计中重要的视觉元素。人们欣赏书籍设计作品时，往往是先被封面的色彩所吸引，而后才会注意到图形。

设计师可根据书籍的主题内容和读者群体进行不同的色彩设定，从而更好地发挥色彩的视觉效应和情感联想，与读者进行心理上的沟通并产生共鸣（图5.9、图5.10）。不同民族对色彩的喜好不尽相同，不同的纸张材料、油墨性能和印刷方式也会对色彩效果产生影响，这就需要设计师的经验和理性判断。

图5.9 《大辞林》书籍设计

图5.10 《理念与范式》书籍设计

5.1.4 材料

材料是设计的基础，是书籍设计的物质载体，材料拉近了读者与书本之间的距离，并给读者带来视觉、触觉的感知和遐想的空间（图5.11）。封面常规用纸有铜版纸（200~300克）、哑粉纸、胶版纸和轻型纸，内芯用纸一般有铜版纸（105~157克）、新闻纸（也叫白报纸）、轻型纸等。外表美观、颜色丰富的特种纸(如手揉纸、瓦楞纸、布纹纸、彩烙纸、珠光纸、皮纸等)以柔韧、质轻、纹理等特色占有市场。

图5.11　瓦楞纸书籍封面设计

除了纸张材料的应用，在书籍设计中还可用铅（图 5.12）、丝、布、革、木、竹、化纤、塑料、金属、海绵和 PVC 材质（图 5.13）等材料。

无论是自然材料还是人工材料，其表面的光泽、色彩、肌理、透明度等都会诱导读者产生不同的感知与体验（图 5.14）。自然材料的选择表明了一种热爱生活的态度，天然纹理与质地呈现出阳光的色彩和泥土的芳香；人工材料的使用证明了多种改良创新的可能，折射出时代的印迹，透露出科技的光芒。

图5.12　《广播1987》封面设计　　　　　　　图5.13　书籍封面设计

图5.14　《食物本草》《中国锣鼓》封面设计

从封面的图形、文字、色彩、材料四个方面表现一本书的全部，是一种高度的概括和升华，需要设计师将知识和信息精心筛选、浓缩组合设计，以达到气韵生动、内涵丰富的目的。

5.2 书籍版式的设计语言

版式设计是一切平面设计所依赖的表现形式，它不仅涉及信息传递的效果，而且决定了书籍的美学品质，将文字、插图、图形、色彩、空间等视觉构成元素进行有组织的编排和艺术处理，可使读者在视觉上获得整体和谐的审美愉悦。

在书籍版式设计中，文字和图形所占的总面积被称为版心，即每页版面正中的位置。版心上面的空间叫作天头，下面的空间叫作地脚，左右分别称为订口、切口（图5.15）。版心面积即版心规格，它用版心宽度 × 版心高度来表示。

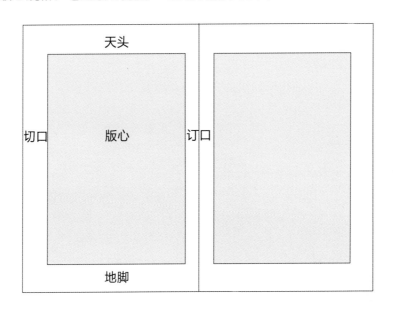

图5.15 版心设计的基本形式

5.2.1 版式设计原理

版式设计中的点、线、面和主要的视觉语言形式，通过相互衬托，有序地交织成富有生命力的空间。

1．点与空间的编排设计

在版面设计中，点元素由于其大小、形状及位置的不同，所造成的视觉位置、心理作用也不同。点的放大或缩小，在版面中可以起到强调与表现的作用，让读者产生情感和心理上的量感。如果将行首放大，往往可以起引导作用，并成为版面的视觉焦点。如《网格构成》的封面就是以字作为点编排设计（图5.16）。

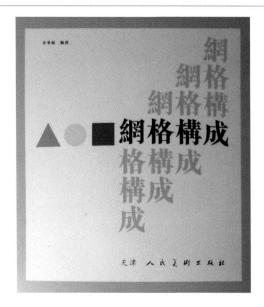

图5.16　《网格构成》封面设计／余秉楠

2．线与空间的编排设计

　　线在编排中表现为形态明确的实线、虚线，以及空间的视觉流动线。细线可以使版面清晰明快，粗线则使版面显得稳定硬朗。在版面文字和图形中插入直线或对其以线框进行分割和限定后，往往会引起读者的关注并具有相对约束的功能。《设计交流》的封面设计经过直线的空间分割后条理清晰、统一和谐（图5.17）。

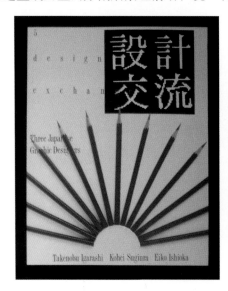

图5.17　《设计交流》封面设计／靳埭强

3．面与空间的编排设计

　　面在版面中的概念可理解为点的放大、密集或线的重复，具有平衡版面、烘托设计主题的作用。在《中国平面设计·封面设计》的封面中巧妙地将书籍以面的形态呈现（图5.18），《大众传媒革命》和《新闻价值》的封面运用面的形式设计使标题更为凸显（图5.19）。

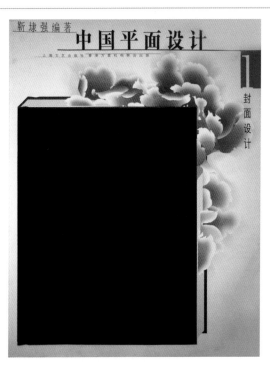

图5.18 《中国平面设计·封面设计》封面设计/靳埭强

图5.19 《大众传媒革命》《新闻价值》封面设计

4．三维空间的编排设计

三维空间是一种假象空间，是在二维平面版式上通过借助多方面的空间关系来表现近、中、远的三维空间关系。如通过面积的比例和大小可产生近、中、远的空间层次（图 5.20），或者将图文前后叠压排列构成的空间层次，还有用疏密、黑白灰关系来表现空间层次（图 5.21）。

图5.20 《艺术设计教育论坛》版式设计/伊延波　　　图5.21 《设计交流》封面设计/靳埭强

5.2.2　版式的视觉流程

　　视觉流程是指视线随各元素在版面空间中沿一定轨迹运动的过程。视线轨迹虽看不见却能够感知得到，成功的视觉流程设计，能引导读者的视线按照设计师的意图，以合理的顺序、快速的途径、有效的感知方式去获得最佳的视觉效果。

1．直线视觉流程

　　直线视觉流程使版面中的视觉流动线更为简明，直接表达版面主题，能够产生强烈对比的视觉效果（图5.22）。直线视觉流程主要有横向、竖向和斜向三种形式，横向视觉流程给读者以恬静稳定感，竖向视觉流程给读者以直观坚定感，斜向视觉流程给读者以时尚运动感。

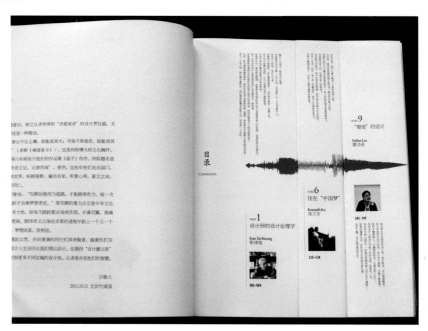

图5.22　版式设计（一）/陈露（指导老师：陆晓云）

2．曲线视觉流程

　　曲线视觉流程是指版面中的各种视觉要素随着弧线或回旋线而运动变化。曲线视觉流程在传达信息的过程中，不如单线视觉流程那么直接简明，但更具韵味（图5.23）。常用的曲线流程形式有回旋型"S"和弧线形"C"，可以增加版式设计的动感和方向感。

3．反复视觉流程

　　反复视觉流程，是使版面中相同或相似的视觉要素作有节奏的规律运动，使版面更富于韵律和秩序美（图5.24）。

图5.23　版式设计（二）/学生作业（指导老师：宋漾）

图5.24　版式设计（三）/学生作业（指导老师：宋漾）

4．导向视觉流程

　　导向视觉流程是指在版面设计中通过诱导信息，引导读者视线向特定方向运动，并由主到次把画面各视觉要素依序串联形成一个整体，使信息传达清晰。导向视觉流程主要有文字导向、形象导向、手势导向以及视线导向等（图 5.25）。

图5.25　版式设计（四）/学生作业（指导老师：宋漾）

5．散点视觉流程

散点视觉流程，指版面设计中将图与文字进行自由分散状态的编排。这种信息传达的过程不如直线、弧线等流程快捷，但强调空间感和动感，追求新奇与随意（图5.26）。

图5.26　版式设计（五）/学生作业（指导老师：宋漾）

6．最佳视域

版面编排中，最佳视域是指能引人注目的版面位置，通常会在此安排重要信息（图 5.27）。不同的视域给读者带来的心理感受不同，上部让人感觉积极明朗，下部让人感觉压抑稳重，左侧让人感觉舒展活力，右侧让人感觉紧促庄重。

图5.27　版式设计（六）/高菁（指导老师：陆晓云）

5.2.3 版式设计的形式法则

书籍设计形式美感往往通过对比与统一、节奏与韵律、对称与均衡、力场与重心、虚实与留白等形式法则来体现。

1．对比与统一

两个以上且反差较大视觉元素（包括图片与文字的明暗对比、大小对比、黑白对比、疏密对比等）一起放置，能使版面主题鲜明，视觉效果独特。

统一是指发挥多种因素、形式的一致性，并使之协调。无论文字或图片如何新奇变化，最终必须借助均衡、调和、秩序等形式法则使版面在视觉上协调统一（图 5.28）。

图5.28　版式设计(七)/学生作业（指导老师：陆晓云）

2．节奏与韵律

节奏是按照一定的条理、组织，连续地编排，从而形成秩序美。韵律就好比音乐中的旋律，将点、线、面组合排列成大小、高低、长短、明暗等形式来增强版面的艺术感染力（图 5.29）。

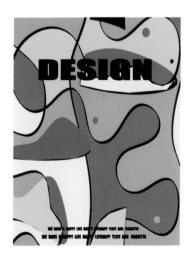

图5.29　版式设计（八）/陈露/（指导老师：陆晓云）

3．对称与均衡

对称符合人们的视觉习惯，能给人以安稳、协调、整齐的感受。均衡是由形象的大小、轻重、色彩及其他视觉要素的作用于视觉判断而产生的平衡，可使版面更加灵动活泼（图5.30）。

图5.30　版式设计（九）／学生作业（指导老师：陆晓云）

4．力场与重心

力场，指版面上的一些视觉元素的编排让读者在心理上产生力感，版面重心偏上，可带给读者轻松愉悦感，反之则给读者压抑下沉感。当读者的视线由版面的角落移动并停留在最具吸引力的中心，这个中心点就是版面的视觉重心。封面表达的主题或重要的内容不宜远离视觉重心（图5.31）。

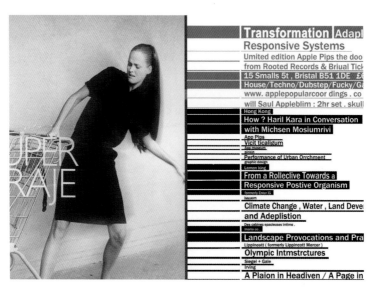

图5.31　版式设计（十）／李惠（指导老师：陆晓云）

5．虚实与留白

书籍版面布局要虚实相生。"实"在版面中应理解为看得见的主体，"虚"是版面中不被人注意的空白空间或模糊细小的部分，两者相辅相成。留白是为了更好地衬托主题，它的形式、大小、比例决定着书籍的格调与品位（图5.32）。

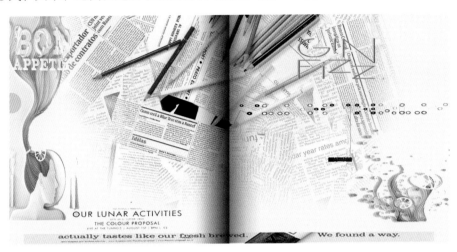

图5.32　版式设计（十一）/许文君（指导老师：陆晓云）

5.2.4　版面的基本类型

1．骨骼型

骨骼型版面是一种较为规范的、理性的分割方法。骨骼型版面严格按照骨骼比例进行编排设计，给读者一种严谨的理性之美（图5.33）。

2．满版型

满版型是用图片占据整个版面，是具有现代感和直观感的构成方式，也是现代书籍设计中常用的形式（图5.34）。

图5.33　版式设计（十二）/李惠（指导老师：陆晓云）　　图5.34　版式设计（十三）/柏磊（指导老师：陆晓云）

3．分割型

分割型是把整个版面分为上下或左右两部分，分别放置图片、文字，从而形成强烈的视觉对比（图5.35）。

4．重叠交叉型

重叠交叉型是指文字叠放于图片之上，使其呈十字交叉或倾斜交叉，图片淡化或渐变处理可产生层次感，从而增加版面的视觉深度（图5.36）。

图5.35　版式设计（十四）／柏磊（指导老师：陆晓云）

图5.36　版式设计（十五）

5．中轴对称型

标题、文字、图形放于中轴线两边呈水平或垂直方向的对称排列，给人以庄重平衡感(图5.37)。中轴线两侧的要素可通过大小、深浅、冷暖等变化避免其产生过于严谨呆板的感觉。

6．曲线型

曲线型是在版面结构中将图片或文字作各种曲线的编排，以增强版面的节奏感和韵律美（图5.38）。

图5.37　《北极风情画塔里的女人》封面设计

图5.38 版式设计（十六）/顾正华（指导老师：陆晓云）

7．倾斜型

倾斜型是将版面主体元素或图片倾斜排列，给读者强烈的刺激感和不稳定感，如图 5.39 所示。

图5.39 封面扉页设计/周立成（指导老师：陆晓云）

8．并置型

并置型是将相同或不同的元素作重复排列，并置构成的版面有比较、说解的意味，这样的版面有着独特的次序、安静、调和之美，如图 5.40 所示。

图5.40　并置型版式设计/邹濡蔓（指导老师：陆晓云）

9．重心型

重心型是以突出的形象或文字占据版面重心（图5.41）。这其是一种在视觉流程上从版面重心开始向外扩散，或各视觉元素向版面中心聚拢汇集的形式。

10．几何型

几何型是用几何形态构成版面（图 5.42），正三角形（金字塔形）具有安全稳定感，而圆形和倒三角形则给读者以动感和不稳定感。

11．自由型

自由型版面在看似无规律的、随意性的编排构成中给读者以轻松活泼之感，它依靠色彩和形态的内在和谐取得统一（图 5.43）。

图5.41　重心型版式设计/阮洪娇
（指导老师：陆晓云）

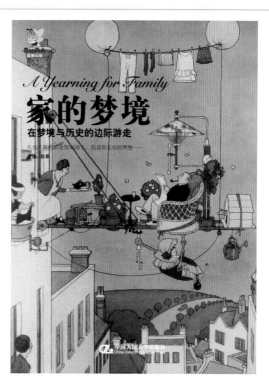

图5.42 几何形版式设计　　　　　　图5.43 自由型版式设计

5.2.5 字体的编排设计

字体是版面编辑中最小的单元，却是最基础、最灵活的视觉元素，它不仅可以有效地传递信息，还与色彩、图形共同构成版式设计三要素，并相互结合使版面达到最佳的视觉效果。

1. 字号、字体、行距

（1）字号。计算字体面积的大小有号数制、级数制和点数制（也称为磅）。一般常用号数制，简称"字号"。字号大的适合儿童和老年人阅读，而字号小的版面整体感较强。

（2）字体。同一版面中字体的运用以不超过三种为最佳，超过四种则显得繁杂花哨。要达到版面视觉上的丰富变化，可采用变换字体大小、粗细或拉伸字体长度或调整行距的办法。

（3）行距。加宽行距显得轻松舒展，紧缩行距显得密集统一（图5.44）。行距过窄会使上下文字相互干扰，而行距过宽又显得延续性较弱，一般10点字号以12点行距为宜，也可依主题内容需要而调整。

2. 四种基本编排形式

（1）左右均齐。除首行缩进外，版面中的文字编排可以从左端到右端的长度均齐，这样的字群效果严谨整齐、美观大方，是目前书籍版式设计中最常见的一种（图5.45）。

图5.44　版式设计（一）/张培麒
（指导老师：陆晓云）

图5.45　版式设计（二）/丁盼盼
（指导老师：陆晓云）

（2）居中对齐。版面中的文字编排以中心为轴线，两端字距相等，版面中心突出，整体性强。底纹、色彩、图片等也在文字的中轴线上，这样的版面显得整齐统一（图 5.46）。

图5.46　封面版式设计

（3）左齐或右齐。版面中左齐或右齐的编排方式可以在变化中统一，行首或行尾会自然产生一条垂直线，与其他文字或图形协调搭配。运用左齐的文字编排方式的版式较时尚新颖（图 5.47）。

图5.47　右齐版式设计/唐嘉慧（指导老师：陆晓云）

4) 图文混排

版面中的文字、图形混合排列，文字和图片之间的留白较少。这种编排方法给读者以踏实稳重、节约、和谐之感，是文学作品和小开本图书常用的编排形式（图 5.48）。

图5.48　图文混排版式设计/石程（指导老师：陆晓云）

3．标题与正文的编排

在编排版面中的标题与正文时，可先将正文分栏编排后，再置入标题。标题常置于版首，也可进行居中、横向、竖向或边置等编排处理，甚至可以插入字群中，打破传统版式规律（图 5.49）。

4．强调与放大

文字的强调有三种：通过线框和特定符号强调文字，使其引人注目；放大正文的第一个汉字或字母起装饰版面作用；将首字放大，作为图形来获取版面的装饰风格和视觉冲击力（图 5.50）。文字放大和强调的尺度，依据版面大小、文字的多少和所处的环境而定。

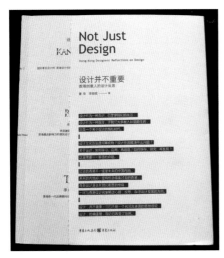

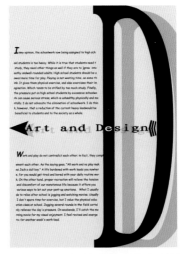

图5.49　标题与正文版式设计/钱彩英　　　　图5.50　强调与放大版式设计/郭敏
（指导老师：陆晓云）　　　　　　　　　（指导老师：陆晓云）

5．整体化、图形化编排

对文字进行整体化、图形化编排处理，可获得良好的版面效果，如将文字组织成几何形（方形、长方形等）或自然形，来提高版面的趣味性，段落间用线或空白分割，使其区域清晰、整体感增强（图5.51）。

6．叠加的文字表现

文字与文字、文字与图像相互重叠的表现手法是现代版式设计的风格（图5.52）。经过叠印后的图形、文字会产生空间层次感，使版面视觉效果独特而生动。

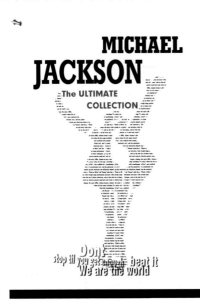

图5.51　图形化版式设计/钱国玉（指导老师：陆晓云）　　图5.52　叠加的文字表现/赵珊珊（指导老师：陆晓云）

5.3 书籍插图的设计语言

插图是对书籍文字信息进行的再创作，将文学与艺术完美结合，用直观的艺术形象将书籍信息清晰生动地呈现给读者，给读者不一样的视觉享受和精神体验。

5.3.1 插图的表现方法

根据制作工具的不同，插图的表现方法大致分为手绘、电脑制作插图、摄影、版画四种。

1．手绘

手绘插图以其人性化、更具亲和力等优点，越来越受到人们的重视和喜爱。

图 5.53、图 5.54 所示分别为英国插画师 LilyMoon 和我国台湾插画家几米的作品，插图包含情感、想象，具有强烈的个人色彩，极富艺术感染力。

图5.53　手绘插画/英国插画师LilyMoon

图5.54　《微笑的鱼》插图/几米

2. 电脑制作插图

电脑绘画与制作能快捷地绘制出具有艺术效果的图形，或将摄影图片进行处理达到所需效果，丰富了传统插图艺术的表现力，越来越受到设计师的青睐（图 5.55）。

图5.55 《霍比特人》封面设计

3. 摄影

摄影以光线、影像、线条和色调等语言客观描绘色彩缤纷的世界。摄影插图以其强大视觉感染力在书籍设计中得以广泛运用，经过设计师处理的摄影图片更具艺术表现力（图 5.56）。

图5.56 插画设计/澳大利亚插画Justin·Malle

图5.56　插画设计/澳大利亚插画Justin·Maller（续）

4．版画

版画是美术中的一个重要门类，包括木刻、铜刻、石印和套色漏印等类别。因版画创作技法通俗易懂、艺术感染力强，所以受到读者和设计师的喜爱（图 5.57）。

图5.57　木版画书籍封面设计/朱赢椿等

5.3.2　插图的编排形式

图片和文字是重要的版面构成要素，插图的形式及排版也会影响版式的最终效果。

1．版心式

版心式是一种简洁的版面设计形态，该版面中插图与主体内容相互交融，显得端庄严谨（图5.58）。

图5.58　版心式封面设计

2．满版式

满版式编排形式感染力强，可以迅速地传达内涵，突出细节、特写等（图5.59）。

3．出血式

出血式是将插图充满整个版面或将某个角落撑满，且没有边框制约，给读者一种舒展扩张感（图5.60）。

图5.59　满版式编排形式/陈强　　　　图5.60　出血式编排形式/陈强

4．图文式

图文式是指插图与文字互相穿插，图的上下可以编排文字，图与周边文字之间应有一定的留白（图 5.61）。

图5.61　《曼陀罗的世界》海报/杉浦康平

5．重叠式

重叠式是用明度色块对比来分出前后层次，或者将插图通过电脑进行模糊或者减淡处理，然后作为背景来衬托文字内容（图 5.62）。

图5.62　重叠式编排形式

5.4 作品欣赏

图 5.63 所示的书籍版式设计图文编排有序，注重设计元素的呼应、色彩语言的协调以及版面节奏的变化。

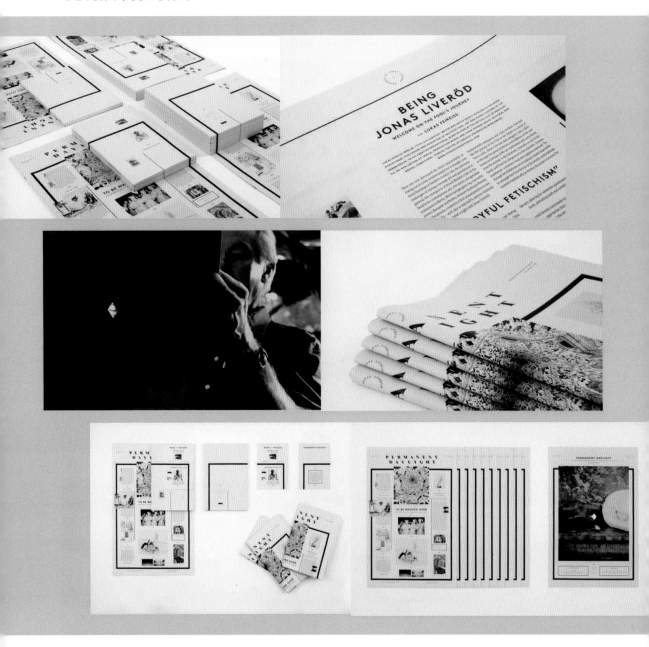

图5.63 书刊杂志版式设计

图 5.64 所示的书籍封面设计以手绘语言为主，其图片、文字、色彩和插图元素合理运用，使主题更为凸显。

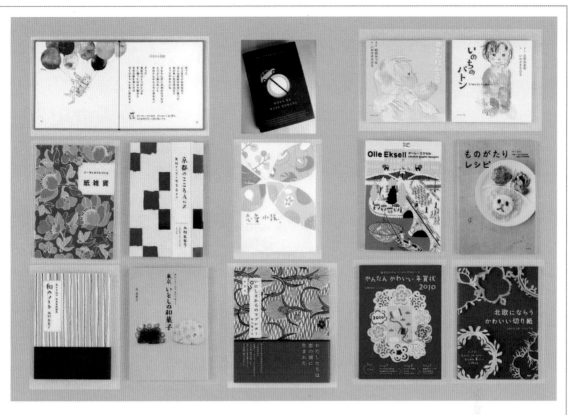

图5.64 日本书刊封面设计/清风

图 5.65 所示的书籍封面以剪纸纹样与内容呼应的方式彰显了中国民俗文化符号,系列丛书封面设计在表现形式和风格上互相呼应,并通过个性色彩对其进行识别。

图 5.66 所示的封面设计中,贺友直通过插画、黑色的装饰边和简约的色彩使封面呈现出灵动、时尚、明快的设计风格。人物的服饰有鲜明的上海特色,令人回味无穷。

图5.65 《中国民俗文化丛书》书籍设计/严克勤　　　　图5.66 《上海FASHION》封面设计

图 5.67 所示的书籍方形开本个性显明，更适合内容的表述。封面和内页以暖灰色和黑色搭配，显得古朴高雅，版式在切口处以墨色晕染，新颖独特，可让读者清晰地感受到水墨的韵味和中国传统文化之精髓。

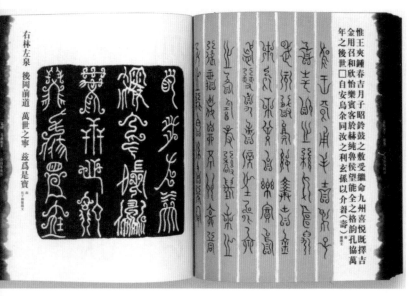

图5.67　《意匠文字》书籍设计／全子

图 5.68 收录了中国瓦当、石刻、浮雕、木雕、漆盘、年画、水印、布面彩绘、剪纸、风筝等，从福、禄、寿、喜四部分进行色彩和形体的间隔分类，书籍设计版式新颖。

图5.68　《福禄寿喜图辑》书籍设计／王承利

如图 5.69 所示的设计作品色彩淡雅，纸张独特，利用毛边的书脊和不同大小的开本，采用麻绳手工装订，融传统、现代形式于一体。

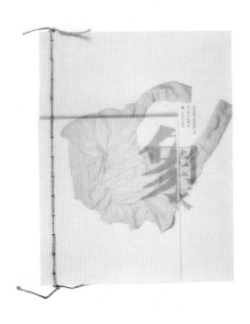 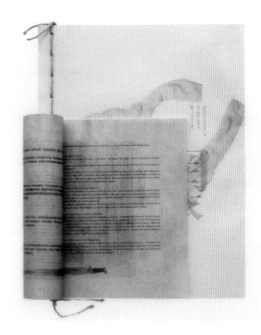

图5.69　《象罔衣》书籍设计/宋协伟　连杰

如图 5.70 所示的设计作品，其封面文字单纯优雅，巧妙利用纸质的差异性和融合性，营造出视觉质感上的层次变化。

图5.70　《穗高的月亮》书籍设计/张志伟

如图 5.71 所示的作品，可爱个性的人物图形和鲜艳夸张的色彩把读者深深吸引，几何图形的风格组合使书籍画面具有层次感，出血的插图封面设计更具时尚感。

图5.71　插画设计/2014南京艺术学院毕业生作品展

本章小结

　　书籍封面的设计语言在书籍设计中有着十分重要的地位和作用，开本、图片、文字和插图等的合理运用可以升华主题。

思考题

　　1. 如何理解书籍设计的艺术语言？
　　2. 如何书籍设计中在恰当发挥文字、图形和色彩的功能性和装饰性？

练习题

　　1. 设计一本图片较多的艺术杂志，要求注重创意，版式新颖，并与主题内容相吻合。
　　2. 设计一本儿童刊物，要求在文字、色彩和图形的设计上体现儿童的生理特征和心理特征。

第 6 章　概念书籍设计

教学目标

　　培养学生将书籍艺术形态转换成表达创意的创造性设计，尝试新的表现形式、新的材料与工艺，更好地表达书籍设计的精神内涵，突破读者对传统书籍艺术的审美和阅读习惯，寻找书籍设计的新方向。

教学要求

　　通过概念书籍设计，启发创造性思维，培养学生积极的视觉表现能力和动手能力，完成书籍艺术形态的突破。要求学生能够充分理解和分析概念书籍作品，并独立完成概念书籍的设计与制作。

　　20 世纪德国小说家卡夫卡曾说过："艺术家试图给人以另一种眼光，以便通过这种办法改变现实。"今天的书籍设计师要突破以往的书籍设计思维模式，需要大胆地学习和采纳现代设计理念，改良传统的设计元素，用新视角、新观念以及新的设计方式来不断提升书籍设计的审美功能与文化品位（图 6.1 至图 6.3）。

图6.1　国外概念书设计

图6.2　《舌尖上的童年》概念书设计／第三届大学生书籍设计展

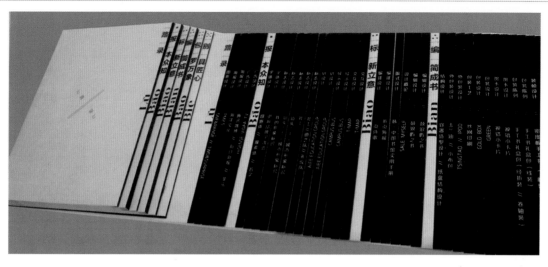

图6.3 《路录》概念书设计／清华大学美术学院郭枳彤

　　抛开书籍设计的功能，对书籍的形式进行重新审视和探索，我们发现概念会变得广博灵动，它不再仅仅是传统意义上的一本书，可能是一个触摸屏、一张光碟、一只容器，甚至是一件工业产品或者艺术品，它在变得鲜活生动的同时也具有了无限的可能性……概念设计师往往以其独特而敏锐的设计视角去挖掘和满足人们的阅读需求和审美需要，以适应现代多元生活的阅读模式（图 6.4、图 6.5）。

图6.4 《杯中书》概念书设计／山东艺术学院姜子

图6.5　《结绳析字》概念书设计／柴美玲

6.1　概念书籍的界定

　　当人们暂时忽略设计的功能，只对形式进行挖掘时，就会发现概念变得无比广博，同时也具有了无限的可能性。

6.1.1　概念书籍的理念

　　"概念"在《辞海》中解释为"反映对象本质属性的思维方式"。概念产生于一般规律，并以崭新的思维和表现形态体现对象的本质内涵。

　　概念书是探索性与观念性并存的书籍设计艺术，它吸收了传统书籍设计的优秀理念，然后进行大胆创新，试图用新的视觉材料、新的审美观念、新的设计思维与个性化的表现形态来提升概念书的价值和品位。概念书是在人们对书籍艺术的审美和对书籍的阅读习惯以及接受程度上探索前沿的、未来的书籍设计方向。

6.1.2　概念书籍的内涵

　　概念书是一种能够充分概括并体现书籍内涵、独具个性特征的新形态书籍，是一种全新的阅读体验。在信息化、科技化、数字化的今天，人们也在追求书籍设计形式的多样化。概念书不仅是封面设计，更是书籍的整体设计，也是多学科的融合。

6.1.3　概念书籍与传统书籍的差异

　　概念书往往在设计思想上具有一定的独创性，这充分表达书籍内容，其在设计时更多地接近或反映书籍的本质属性，其形态往往与众不同，在形式、内涵、材料、肌理等方面给人以视觉和触觉上的冲击力。

传统的书籍设计形态虽然是从卷轴装、旋风装到蝴蝶装、包背装和线装书等不断发展变化而来，但它主要强调的是对书籍封面的设计和版式编排，并不过多地强调书籍的整体效果和对形态的创新。

传统书籍主要以工艺和装饰为主，这对概念书设计起着引导启示的作用。概念书设计指向未来的实验性书籍设计，对传统书籍进行了观念的探索与创新，两者的共同目的都是将书籍的内涵和本质进行视觉传递。《围城》书籍设计在传统书籍的表现材质上进行了编织镂空设计，传统材料和现代设计手法的融合，使书籍变得多元且充满趣味，这也是概念书设计的一种尝试表现（图6.6）。

图6.6　《围城》书籍设计/学生作业
（指导老师：陆晓云）

6.1.4　概念书籍与现代书籍的比较

现代书籍设计相对于传统书籍设计已经有了全新的设计理念，现代书籍设计不再是简单的外部包装，它更注重从内到外的整体设计，强调的是书籍选题、封面、版式以及材料和制作工艺的设计，也考虑适用对象和商业因素。

概念书籍设计根植于作品的内容，却又在表现形式上独具个性，对书籍视觉形态、触觉肌理，甚至听觉等方面进行一系列探索和创意，来提升概念书的审美功能和文化品位。特别是盲人群体，他们的书以触觉为主，让盲人在触摸中感受内容，体会阅读的美好。居斯达夫·福楼拜在《恋书狂》这样描写道："爱书的气味、书的形状、书的标题。他爱手抄本，是爱手抄本陈旧无法辨识的日期、抄本里怪异难解的歌德体书写字，还有手抄本插图旁的烫金镶边。他爱的是盖满灰尘的书页，他欢喜地嗅出那甜美而温柔的香。"概念书的材料选择、制作工艺、装订工艺也需要与众不同，由此可见概念书是经过全方位的思考和设计的，更具艺术性和独创性，往往能令读者的视觉、触觉和味觉等得到愉悦和满足（图6.7）。

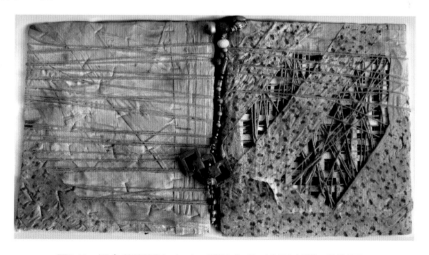

图6.7　概念书籍设计（一）/学生作业（指导老师：陆晓云）

6.2　书籍设计中如何运用概念设计

　　工业时代的书大都是机械化生产的结果，受到成本、材料、工艺、生产环节的制约。也许，一本书从形式到内容有多少创意空间我们没有认真思考过，但是，通过观摩展览、参观印刷厂、了解装订过程、DIY 制作等方法，亲身体验一本概念书诞生的全过程，你会发现许多趣味盎然的书籍样式（图 6.8、图 6.9）。

图6.8　概念书设计（二）/南京艺术学院　　　　图6.9　概念书设计（三）/陈志鸿

　　概念书设计的关键在于概念的提出和运用两个方面，它包括客户需求分析、市场调研、概念定位与提出、概念引入与运用等步骤。概念书设计艺术强调的是主观激情的迸发，与客观现实要求互相较量，糅合了众多因素并使之达到整体和谐的艺术形式。

6.2.1　设计概念的提出

　　调查分析概念书的社会需求，确定读者的定位，了解读者的兴趣爱好，是提出设计概念的基础。

　　对获取的调研资料进行细致的分析归纳，了解书籍受众者，能让设计师少走弯路，更加有效地进行提炼设计。

　　设计概念是设计的精神，需要准确地反映书籍的内容和风格（图 6.10 至图 6.12）。所以设计前期的工作都是为设计概念的定位及提出作准备。在概念的探寻过程中，要善于记录和总结、反思和联想、组合和分类。

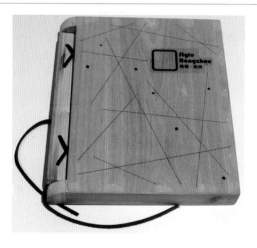 

图6.10　《格调杭州》概念书设计／南京艺术学院　图6.11　《活着》概念书设计／南京艺术学院

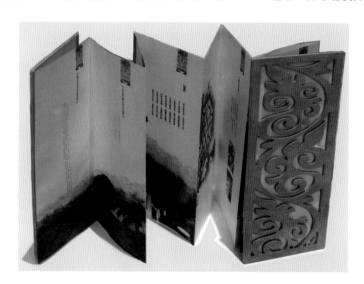

图6.12　概念书设计（四）／山东工艺美术学院

6.2.2　设计概念的应用

设计概念的应用，是将设计概念理性地带入书籍设计的过程，即概念的视觉化和形象化的过程，主要从以下三个方面把设计概念引进设计中。

1. 书籍的视觉形式

当一本普普通通的书籍有了新颖的形式姿态，它就会立刻变得鲜活起来，仿佛有了生命，在传递信息的同时，伸出了灵敏的触角与读者情感交融，使人爱不释手。

2. 色彩的选择

色彩比文字和图形更具感性特征。色彩是一种生理机制和心理现象，它出色的视觉表现力，与它作用于人们的心理活动所产生的效应是分不开的，色彩的心理效应直接反映出人的色彩联想及色彩喜好。

3. 书籍的材料和工艺

　　材料的象征性是概念书最重要的特征，在概念书籍设计的处理上更富有艺术性，在某种程度上更接近立体构成或立体雕塑。此外，书籍设计材料与工艺必须简洁环保，与设计要求以及书籍的内容相适应、相匹配。用最适合的材料和工艺做出内容与形式完美统一的书籍。

　　设计概念在书籍设计中有着十分重要的地位和作用，它就像一条贯穿作品始终的主线，引导设计的全过程。概念书设计不仅重视书籍形态、色彩、材料和工艺的创新，在注重书籍外形的同时，也注重书籍的内涵，文字与图像、设计与制作，等等。具体包括了对书籍设计概念的演绎、推理、发散等思维过程，从而将概念有效地呈现在书籍设计的文本上。设计概念表达在图书的每一个细节和角落，设计师通过不断的尝试、修改完善，使之形成一个统一的整体，才能获得最佳的视觉效果（图6.13、图6.14）。

图6.13　《弦调》概念书设计／山东工艺美术学院

图6.14　概念书设计（五）／山东工艺美术学院

6.3　概念书籍创意的形式

概念书籍设计可以从多个环节进行求新求异，如材料、工艺、形态、功能、信息的承载形式甚至阅读的方式，可以是对新材料和新工艺的尝试，可以是对书籍形态的变化，也可以是书籍阅读方式的异化。总之，新的表现形态、新的材料工艺、新的视觉审美，使概念书具备了独特的语言内涵和独特的艺术形态。

概念书籍的创意形式可以从以下五个方面进行划分。

6.3.1　视觉形式的创意

日本书籍设计大师杉浦康平曾经说："以包容生命感的造型为突破点，从浩瀚、冗繁、魅力无边的图像中寻找其源流，从层层包容无垠内涵的造型中分辨破译、寻找宇宙万物的共通性和包罗万象的情感舞台。"概念书籍设计与普通书籍设计有着许多异同之处，这些异同主要表现在概念书籍设计是对常规书籍设计的一种形式上的"突破"。设计师从这个理念出发，可以在传统的书籍形态的基础上延展出无穷无尽的表现形式。让概念书既可作为普通的书来传递信息，又可作为艺术品供人们欣赏。

如图 6.15 所示的作品，迟海同学在书籍外部形态上采用了编织的形式，通过材料、色彩凸显了其个性化的设计语言。

从视觉艺术来看，电子和网络书籍的开发和应用为书籍传播的载体带来了多样化的发展，那些造型独特的书籍更受人们的关注和喜爱。将书籍设计成立体的或者几何形态，许多设计师都做过尝试。立体书籍在翻阅的过程中还可以体验翻、折、拉、转等动手过程，因此充满了趣味性和交互性，激发了读者的想象力和创造力，因此更多地被应用到儿童刊物上。

如图 6.16 所示的作品，陈慧美同学在书籍外部形态上使用了服装布、扣子、缎带等元素来进行组合表现，个性的材料使书籍具有一定的特色和趣味性，是一种对现代书籍形态和材料的全新尝试。

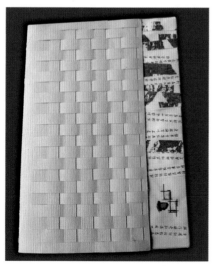

图6.15　概念书设计（六）/迟海
（指导老师：陆晓云）

图6.16　概念书设计（七）/陈慧美
（指导老师：陆晓云）

6.3.2 材质纸张的择取

材料是书籍设计中不可缺少的元素。在中国，从原始时期的甲骨，到造纸术、印刷术发明之前的自然石头、竹木和兽骨材料，再到人工的砖瓦、陶瓷、金属、帛等材料，人们开始刻字成书。在国外，有草纸书、蜡版书、泥版书、手抄书、羊皮纸书等。现在书籍封面设计材料主要有各类纸张、织物（丝绸、棉麻、化纤等）、皮革、木板、塑料和金属等，书芯材料主要有胶版纸、铜版纸、白板纸、新闻纸、哑粉纸、花纹纸等，不同的纸张由于其特性、厚度和成本不同，所适用的范围也各不相同。

概念书给书籍设计带来了新的活力。设计师往往将材料的属性和书籍的主题联系起来，以使设计更加完美。材料的属性可归纳为视觉材质、触觉材质以及味觉材料，甚至翻阅时还有听觉材质，等等。材料正是以它特有的个性语言与读者交流，从而引起读者的印象、经验、思维和情感的共鸣。

书籍材料的丰富变化也适应了现代人复杂的审美需求，让人们能够全方位地感受书籍的美。书籍设计达到最佳效果不在于材料有多高档，而要选用与设计要求以及书籍的内容相适合、相匹配的材料，这样才能做出美妙的书籍。同时要提倡朴素、简洁和环保的现代设计观，使内容与形式完美统一，实现"物尽其用"的设计理念。

虽然纸质材料有超强的表现力，给人一种自然舒展的视觉感受，但是材料的发展与更新又将书籍设计推向了一个新的发展空间。日本设计师原研哉在《设计中的设计》中说："今天，纸已经不再是媒介的主角，有着合适的重量与厚度并且手感良好的材料来做信息的表现载体，显然要比储存在一块记忆卡中的信息表现方式更能给人带来良好的使用感和满足感。"设计师摆脱了传统纸张材料的束缚，获得了更大的设计空间，在概念书籍设计材料的选择上更注重书籍的内容与创意，极大地满足了读者的审美需求。如在书籍外部形态上采用了镂空设计，并且与主题内容点线面相统一，具有一定的艺术效果和信息传达作用（图6.17）。还有的书籍设计注重材料语言的抽象性和巧妙运用，使读者能在视觉和触觉上更直接地感受到书籍的内在意蕴，在观念上也为现代书籍的发展提供更广泛的空间（图6.18）。

图6.17 《点线面》概念书设计/第三届中国大学生书籍设计展

图6.18 《茶语》概念书设计／第二届中国大学生书籍设计展

6.3.3 工艺制作的创意

工艺是书籍外在表现力的重要载体之一，借助于各种工艺制作，书籍之美才得以实现。正如古人云："书之有装，亦如人之有衣，睹衣冠而知家风，识雅尚。"印刷工艺的迅速发展（如镂空封面、变化切口、多样缝缀、凹凸印、金银烫印、过 UV 等工艺手段）极大地丰富了概念书的语言，高新技术不仅给书籍设计带来了全新的发展契机，也赋予设计师新的灵感。

因此，概念书籍设计促进了印刷工艺的发展，同时印刷工艺的先进性和多样化也极大地丰富了概念书籍设计的语言形式，对未来书籍设计也具有引导意义。

6.3.4 阅读流程的创意

阅读的过程是书面信息获得的过程，虽是同样的信息内容，但不同的发现方式会使平常的阅读变得更加有趣。当我们阅读书籍时，翻动书页会产生空间的变换与时间的流动，所以有人说，阅读书籍的过程是空间与时间的交替与融合。另外，触觉对书籍的阅读也起重要作用，特别是盲人的书籍阅读以触觉为主。通过触觉让盲人触摸到色彩的艳丽、嗅出温暖的味道，从而使其获取一种崭新的阅读体验，这些都是值得设计师关注和研究的课题。

概念书的材质、形态与工艺固然重要，但如果失去了书籍的基本阅读功能，也就失去了概念书存在的意义。日本著名设计师杉浦康平先生说："一本书不是停滞在某一凝固时间静止的生命，而应该是构造和指引周围环境有生气的元素。"概念书籍阅读中时间与空间的展现，是由文字、图形、色彩等视觉元素共同表现的，它们表现并传达出书籍的内涵意蕴，并与读者产生互动与交流，把他们引入一个丰富的心理层面。

6.3.5 观念个性的创意

概念书籍设计要以一种与众不同的面貌呈现给读者，需要观念的不断更新，并融入设计师个性化、自由化的创意，突破传统书籍的观念与模式，进行创造性的设计。虽然这些书籍设计更接近于艺术作品创作，但艺术作品和设计作品还是有本质的不同，设计作品有更强的目的性和功用性，而艺术作品更侧重于艺术家自我的观念表达。有的优秀作品往往两者兼备，甚至在观念个性表达上独树一帜（图6.19）。

今天，数字化媒体传播已成为人们获取知识、信息的重要渠道，有通过电脑或电子阅读器进行阅读的电子书；有多媒体界面、内容丰富、检索功能强大的光盘书；有将书籍内容下载为CD或MP3形式可供随时"听阅"的有声书；有用手机在网络上浏览、学习、应用的文字、图片、视频的信息书；还有触摸屏的互动电子书等。这一切正逐步进入并融入我们的生活，也在逐步转换着我们对书籍的认识和理解。

图6.19　概念书设计（八）/第二届中国大学生书籍设计展

6.4　概念书籍设计的意义

概念书籍是设计师表达的最新载体，它的意义就在于使一本普通书有了新颖的形式、深刻的含义，能更好地表现作者的思想内涵。

一本概念书从构思、写稿、成书、流通到被读者所熟知，是一个视觉的传播过程。不管是图文编排还是印刷工艺采用，整个过程都少不了设计师的精心设计。概念书的设计往往不拘泥于一个固定的模式，以大胆鲜明的个性表现带给读者视觉上的冲击，不仅顺应了时代发展变化的潮流，同时对现代书籍设计启示良多。有的概念书在工艺、材质运用上丰富而多元，个性鲜明（图6.20）。

　　概念书籍设计的意义不在于书籍是否真正具有使用价值，更在乎它是否能够打破人们头脑中长期固化的设计模式，由此可获得以下三点启示。

图6.20　《布言布语》概念书设计/学生作业（指导老师：陆晓云）

6.4.1　创造与拓展

　　概念书籍设计为信息的传播与接受拓展了更宽的渠道。设计师进行书籍设计，能够积极思考并发挥其创造性与启发性，打破传统的设计方式和思维模式，更好、更直接地表现出作者的思想内涵；其次，概念书的创新设计活动，为现代书籍设计的发展提供了新的思维方式。

　　概念书的设计是在传统书籍设计的基础上，对书籍整体设计理念的深入探索，在丰富书籍外部形态的基础上统一书籍内部形态，同时在书籍的版式上进行相关匹配设计。概念书籍设计并没改变书籍设计本质内涵，而是突破了传统固有形态的束缚，寻求思维的创造与审美形态的拓展，因而更富有感染力。

　　图 6.21 中《说谎》设计者的创意理念是：说谎的人要吞一万根针。于是用密集矗立的大头针给人不安的心理感受，与主题呼应。

图6.21　《说谎》概念书设计/魏迪
（指导老师：陆晓云）

6.4.2　感应与共鸣

　　概念书籍设计需要设计师围绕着主题内容进行传达意念和感受，同时在书籍的材料上寻求拓展，创造新颖的视觉形态，注入新的审美体验，使书籍作品更具亲和力，让读者产生感应与之共鸣。《惑之不解》概念书设计中采用和谐的色彩和柔软的手工材料，留给人们理解的空间与欣赏的愉悦（图 6.22）。当然概念书籍设计也不能盲目追新求异，更不能脱离书籍本身的内容及读者的感受。

图6.22 《惑之不解》概念书设计/学生作业（指导老师：陆晓云）

6.4.3 推陈与出新

　　纵观我国书籍设计的漫长历史，很长一段时间内都停滞在一种相对固化的表现模式，虽然经历了从古代的简策、卷轴装、经折装、旋风装、蝴蝶装、包背装、线装到现代的平订、骑马订、胶订、锁线订等形式历程。概念书籍设计可合理继承并利用这些传统书籍的文化资源，推陈出新将设计理念、设计功能与时代精神完美结合（图6.23）。吕敬人先生认为："只有与书籍本身的品位相结合，设计艺术才有生命，才能发挥出书籍的导读作用。"

图6.23　概念书设计（九）／王亭亭（指导老师：陆晓云）

美国、德国、日本和韩国的书籍设计师都十分关注概念书的拓展，他们以创造性的书籍视觉语言来传递书籍作者的思想内涵，很多在形态上已经摆脱了传统的书籍模式。目前概念书籍在我们尚未普及和流通，其相关研究还处于初级阶段，一些从事书籍设计教学的老师和学生开始尝试探索可能的创意空间，将纤维面料或是材料混搭与主题内容相互呼应（图 6.24、图 6.25），虽然有的并不能为大众所接受，只能被知识阶层和艺术爱好者所青睐，但这些努力无疑给书籍艺术的发展带来了新的活力和动力，对书籍设计的未来起到了积极的引导作用。

图6.24　概念书设计（十）／郭良璐
（指导老师：陆晓云）

图6.25　《蜡染魅力》概念书设计／宋永红
（指导老师：陆晓云）

6.5 学生作品欣赏

学生作品欣赏如图 6.26 至图 6.44 所示。

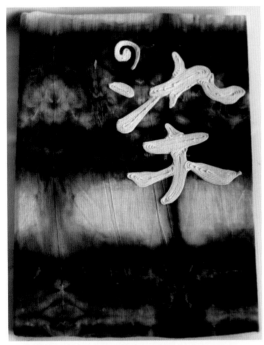

图6.26 《染》概念书设计/学生作业
（指导老师：陆晓云）

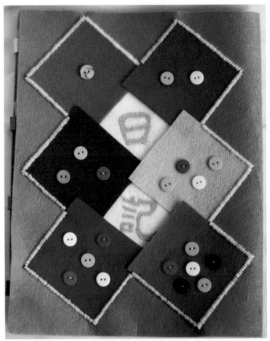

图6.27 《日记》概念书设计/学生作业
（指导老师：陆晓云）

图6.28 概念书设计（十一）/王雷（指导老师：陆晓云）

图6.29　概念书设计（十二）/李光耀
（指导老师：陆晓云）

图6.30　《成长日记》概念书设计/董蕾
（指导老师：陆晓云）

图6.31　《Graphic Design》概念书设计/
陈俊（指导老师：陆晓云）

图6.32　《民俗美术》概念书设计/学生作业
（指导老师：陆晓云）

图6.33　概念书设计（十三）/张玲（指导老师：陆晓云）

图6.34　《香格里拉》概念书设计／廖翠　　　图6.35　《创作工坊》概念书设计／朱静寰
　　　　　（指导老师：陆晓云）　　　　　　　　　　　（指导老师：陆晓云）

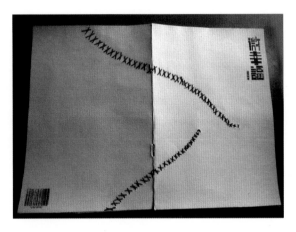

图6.36　《思维风暴》概念书设计／孙权　　　图6.37　《微幸福》概念书设计／赵兵兵（指导老师：陆晓云）
　　　　　（指导老师：陆晓云）

图6.38　概念书设计（十四）／第二　　　　图6.39　概念书设计（十五）／第二届中国大学生书籍设计展
　　　　　届中国大学生书籍设计展

图6.40　《角落》概念书设计／江汉大学／第二届中国大学生书籍设计展

图6.41　《方言和民间美术》概念书设计／韩雪（指导老师：陆晓云）

图6.42　《稻香》概念书设计／魏迪（指导老师：陆晓云）　　图6.43　概念书设计（十六）／陶伯瀛

　　　　　　　　　　　　　　　　　　　　　　　　　　　　　　　（指导老师：陆晓云）

图6.44　概念书设计（十七）/第二届中国大学生书籍设计展

本章小结

　　本章主要讨论概念书籍的形式，培养学生创新思维并转换成有效书籍设计形态。如何突破传统、强调视觉感知、扩大读者接受多元化的信息模式是主要任务。通过介绍概念书籍设计的方法、形式和意义，引导设计师的设计理念，培养设计师的逻辑思维方式，提供各种有效的创意方法和灵感来源，进而提升书籍的艺术品位。

思考题

　　1. 列举一两件概念书籍设计作品，分析其创意的形式和方法。
　　2. 概念书籍设计的意义是什么？谈谈课程的学习体会。

练习题

　　1. 鼓励学生发挥创造力，探索书籍设计材料和工艺的可能性，并手工制作一本书籍。
　　2. 完成一本概念书籍设计，对版式、文字、图形等作整体规划，并写出设计说明。

第 7 章　书籍的印刷流程与印刷工艺

教学目标

　　书籍的印刷流程和印刷工艺可以作为独立的课程，在书籍设计创意的基础上，需掌握承印材料、印后加工工艺、装订技术等相关的印刷知识，同时与书籍出版各部门之间协调合作关系，保证书籍设计达到预期的效果。

教学要求

　　通过对印刷技术、材料的初步了解，参与书籍的设计实践，在印刷厂工艺师的指导下完成书籍设计的全部印刷流程。

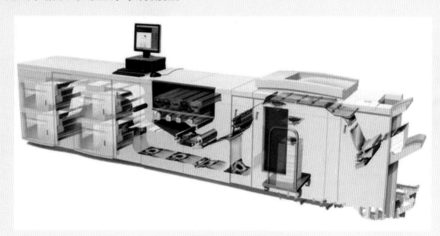

　　随着数码时代的来临，工业生产与现代科技在不断进步，人们对书籍的艺术性和审美格调也越来越挑剔，对书籍设计纸张材料的应用与印刷工艺品质的要求也在不断提高。印刷工艺为书籍物化提供了技术支持，让书籍设计有了更多的可能性，所以设计师在印刷过程中要投入很大的精力。设计理念不同，印刷方式不同，操作方法不同，书籍成品的效果也就不同。

7.1　书籍的印刷流程

一本书从设计到印刷要经历许多过程，现代书籍印刷流程分为三个阶段（图7.1）。

印前——印刷前期的工作，一般指设计制作、制版、拼版、打样、打印输出和客户定稿等。

印中——印刷中期的工作，一般指通过印刷机印刷成品的过程。

印后——印刷后期的工作，一般指印刷的后期加工，包括上光、覆膜、模切、凹凸压印、烫金工艺、装订、裁切和检验包装等。

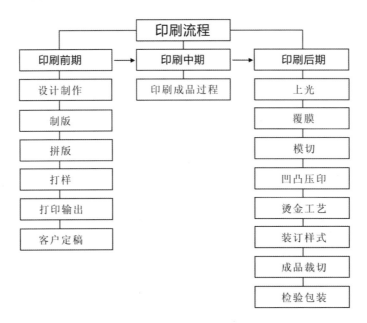

图7.1　书籍印刷流程示意图

7.2　书籍的印刷工艺

书籍的印刷与设计不可分离，两者互相依托，互为促进。随着时代的发展和科技的进步，印刷工艺技术也在不断发展和改进，只有通过不断学习才能将新技术和新工艺在书籍设计中的作用发挥到极致。

7.2.1　印前工艺

印前工艺就是指上机印刷之前所涉及的工艺流程，主要包括电脑设计制作、打样输出等。印前图文处理是 20 世纪 90 年代以电子分色制版为基础发展起来的印刷工程的关键技术工艺，是连接传统制版工艺与现代数字制版印刷工艺的桥梁。

近年来，印前技术领域融合着现代高新科技中的电子技术、计算机及网络技术、激光技术、图文信息处理及传输技术，它以开放性、全数字化、标准化与图文合一的形式使得传统电子出版步入融艺术与技术为一体的数字制版时代，并得到迅速推广普及，成为当今社会个性化发展的信息传播的主流技术。

1. 制版

制版就是制作印版、底版。制版又分为木刻版、石版、活字版、网版、电镀版、照相版、塑料版、橡胶版、光聚版、电子制版、彩色激光照排系统等。电子分色制版采用的是光电转换原理。电子桌面系统则又进了一步，它只需要用彩色扫描仪对图片扫描分色图文即可。

2. 拼版

拼版又称"装版""组版"，就是按照一定的格式和要求把原稿拼成一块块完整的版面。在拼版的时候注意尽可能把成品放在合适的纸张开度范围内，以节约成本。拼版又分为两种拼法：轮转拼版是同一印版可作同一张纸前后两面印刷，将来切开后便成为两份相同的印刷品；套版印刷是同一张纸前后用两块印版印刷。

3. 打样

打样是印刷生产流程中联系印前与印中的关键环节，还给客户提供校审样本，是通过一定方法依据拼版的图文信息复制出校样的工艺。打样可以检查在设计、制作、出片、晒版等过程中可能出现的问题及错误，但为印刷提供了依据和标准。

4. 打印输出

图文信息处理完成后，需要将文件信息记录在某种介质上，以达到输出印刷的目的。按照输出目的的不同，输出的介质也各不相同，相应的工艺流程也有区别。主要有四种输出方式：打印输出、激光照排机输出、计算机直接制版机输出和计算机直接在印刷机上输出。

7.2.2 印中过程

随着印刷技术的不断提高，印刷方法越来越多，书籍形态也变得越来越丰富。按印版的结构形成主要分为凸版印刷、平版印刷、凹版印刷和孔版印刷四大类。它们各自的具体操作方法各不相同，印成的效果也各异。凸版印刷由雕版、活字印刷发展而来，文字图像高于版面；凹版则相反。孔版印刷类似手工艺的印刷方法，也称丝网印刷；平版印刷也称胶版印刷。目前书籍印刷主要采用平版印刷方式，它具有印刷速度快、套色准确、色彩还原好等特点。

1. 平版印刷

平版印刷又称胶刷，是由早期石版印刷发展而来并因此命名，是主要印刷工艺之一。平版印刷的印版上的图文处于同一平面，利用油水互斥原理使油墨只供到印版的图文部分。将印版上的油墨转移到橡皮布上，再利用橡皮滚筒与压印滚筒之间的压力，将橡皮布上的油墨转移到承印物上，完成一次印刷的过程就称平版印刷。

平版印刷胶印机的种类有很多，按印刷色次分有单色胶印机、双色胶印机、四色胶印机（图7.2、图7.3），也有同时双面印的（图7.4）。在印刷时采用平版单色双面印刷比较简便，如果书籍内容是多色的组版方式，可在印刷时选择与之相匹配的印刷形式。

图7.2　单色印刷机

图7.3　四色印刷机

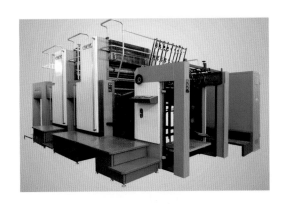

图7.4　平版印刷机

2．凸版印刷

凸版印刷指使用凸版(图文部分凸起的印版)进行的印刷(图 7.5)。凸版印刷历史悠久，并在长期发展过程中得以不断改进，有木版、雕版、铅版、锌板和铜版等，其特点是印刷品的轮廓比较清晰、墨色饱和且鲜艳，但对套色有一定限制。唐代发明的雕版印刷技术，是把文字或图像雕刻在木板上，剔除非图文部分使图文凸出，然后涂墨，覆纸刷印，这是最原始的凸版印刷方法，许多大型的印刷企业已不再使用或较少使用这种印刷工艺，现在主要用于书刊的烫金处理。

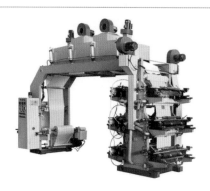

图7.5　凸版印刷机

3.凹版印刷

凹版印刷是将凹版凹坑中所含的油墨直接压印到承载物上，可分为雕刻凹版和影像凹版两种。一般采用铜板或锌板作为雕刻的表面，凹下的部分可腐蚀、雕刻。印刷凹印版前在表面覆上油墨，然后用塔勒坦布或报纸从表面擦去油墨，只留下凹下的部分。将湿的纸张覆在印版上部，纸张通过加压将印版上的油墨吸附（图7.6）。

图7.6　凹版印刷机

4.丝网印刷

丝网印刷也称孔版印刷或漏版印刷，它与平印、凸印、凹印一起被称为四大印刷方法。

丝网印刷类似于手工艺的印刷方法，是将丝织物、合成纤维织物或金属丝网绷在网框上，采用手工刻漆膜或光化学制版的方法制作丝网印版，包括誊写版、镂孔花版、喷花和丝网印刷等（图7.7、图7.8）。丝网印刷是通过一定的压力使油墨通过丝网版的孔眼转移到承印物（纸张、皮革、木料等）上，从而形成图形文字。

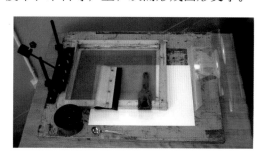

图7.7　手工丝网印刷材料

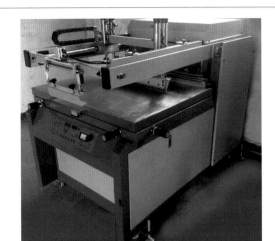

图7.8 丝网印刷机

5．数字印刷

数字印刷是一种新型印刷技术。一般与计算机软硬件匹配，将文件传送到打印装置后，通过网络将图文信息直接传输到数字印刷机上印刷，利用电子照相、喷墨、离子或电子电荷、磁粉成像、热转印、升华转印、电凝固等成像技术，将文字、影像打印于被印材料上的印刷技术（图7.9）。现在的封面印刷不再受传统印刷限制，普遍采用电子制版、多色印刷形式，既简单、便捷又美观。数字印刷系统主要是由印前系统和数字印刷机组成，有些系统还配以装订和裁切设备。

图7.9 数字印刷机

对书籍印刷工艺的了解有利于设计者艺术创意的发挥，也可避免不切实际的设计和资源的浪费，同时利于设计师的探索和创新。

7.2.3 印后工艺

书籍设计作品的视觉效果通过富有创造性后期加工可以得到极大的提升，书籍印后工艺的主要目的是使图书成型，保护书籍，另外还可以提升书籍的档次。经过上光、覆膜、模切、凹凸压印、局部 UV 上光、烫金等工艺处理的书籍封面质感优良，表面的防水、耐折、耐磨等性能也得到提升。

1．上光工艺

上光主要用于封面，是在印刷品表层涂上一层无色透明的上光油。当纸张印刷完成后，立即进入上光机组上光，待到上光涂料干燥后，通过压光机的不锈钢带热压，提高其上光层的平滑度和光泽度。UV 上光除了能产生绚丽的视觉效果，还能防止书籍颜色因长时间翻阅与摩擦而导致褪色（图 7.10）。

图7.10　书籍上光设计

2．覆膜工艺

覆膜工艺是印刷之后的一种表面加工工艺，达到耐摩擦、耐潮湿和防污染的目的。是指用覆膜机在印品的表面覆盖一层 0.012~0.020mm 厚的透明塑料薄膜而形成一种纸塑合一的产品加工技术。目前书籍大都采用这种覆膜技术，该工艺根据薄膜材料的不同分为亮光型和亚光型两种（图 7.11、图 7.12）。

目前市场上许多儿童书籍为了吸引读者的目光，往往采用双面覆膜工艺使图书色彩更加饱和艳丽，同时增加了纸张的柔韧性与防水性。双面覆膜工艺可防止儿童在阅读时不小心对书籍造成破损，延长了书籍的使用寿命。

图7.11　亚光书籍覆膜设计

图7.12　亮光书籍覆膜设计

3．模切

模切是工艺师按设计师对书籍封套或封面特殊形状的设计，制作并采用相同形状的模切版来完成（图7.13、图7.14）。模切工艺可以在设计作品上进行局部镂空或雕饰花纹，读者通过镂空的纸面若隐若现地观察到内页的信息，更能体会到书籍的趣味性（图7.15）。

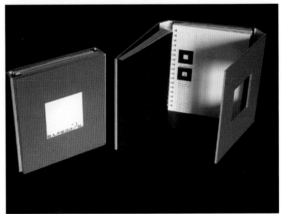

图7.13　书籍设计／吕敬人

图7.14　PAR书籍设计/Blok Design/南京艺术学院

图7.15 书籍模切设计

4．凹凸压印

凹凸压印工艺主要用于印制书籍的函套、面封的文字、图形和线条等。设计师为达到工艺创新、设计独特的目的，常采用与图形、文字和线条相匹配的凹凸型钢模或铜模，在书籍的函套或者封面上压出凹凸立体效果，以达到格调雅致、层次丰富、厚实饱满的视觉效果（图 7.16 至图 7.18）。

图7.16 Asan Francisco Atls／南京艺术学院

图7.17 《二朝》封面凹凸压印设计

图7.18 《中国最美的书》封面采用高UV设计／刘晓翔

5. 烫金工艺

烫金工艺是利用热压转移原理将电化铝中的铝层转印到书籍材料表面，从而造成华丽金属效果。它是书籍印刷中一道非常重要的印后加工工艺，主要是在木板、皮革、织物、纸张或塑料等材质的封面上，用金色、银色或其他颜色的电化铝箔或粉箔（无光）通过加热烫印书名、图形和线条等。经烫金工艺加工后的图书封面视觉效果突出，品质和档次也有所提升，因此被广泛应用于精装书籍封面设计（图 7.19、图 7.20）。

图7.19 《旋杉浦康平的设计世界》封面烫金设计／吕敬人

图7.20 《恺撒战记·内战记》《进步时代》封面烫金银设计

6. 装订样式

  一本书籍的装订样式有很多种，使用不同装帧材料和装订工艺制作呈现出的是不同的外观形态。设计者可根据书的主题、类别、性质、作用、目的、字数及规格等来确定书籍装订形式。常见的书籍装订形态有以下五种。

1) 平装

由封面、扉页、目录页和书芯等构成，有带勒口和不带勒口之分。平装书的封面一般都要进行覆膜或上光处理。

2) 精装

精装书一般由书壳加环衬、封面、扉页、目录页、插页和书芯构成。书壳的面封、书背和封底也有采用布料或其他织物、皮料等面料和纸板制作的。一般在书壳外包有护封，有的还进行了凹凸压印、烫印加工、模切镂空处理等。

3) 线装

线装过去主要用于古籍类图书，现在许多书籍也常借鉴这种装订样式。如有许多表现传统文化的图书，在胶订的基础上再用线装形式进行装饰。还有一些装帧独特的概念书也采用线装形式。

4) 散页装

以单页形态合装在专用纸盒或纸袋内的书籍叫散页装，散页装多见于教育类、艺术类图书。散页装的书籍样式在材料上还可以进行革新，打破原有的材料格局，如使用牛皮纸、卡纸、瓦楞纸板、艺术纸等。

5) 软精装

软精装继承了精装书的装帧风格，又大大降低了书籍的装帧成本，有一定的厚度，尤其适合字典、工具书、手册、招投标文件的装订，其优点是方便携带。通常还附以烫金烫银、局部凹凸等工艺胶装而成。目前软精装的样式很多，在护封处理上，也大有创造的空间。

7. 成品裁切

对书籍进行成型加工，将半成品书页裁切成设计规定的开本尺寸，装订成册，对书籍印刷品进行模切、压痕等。

8. 检验包装

印刷成品的诞生是不同印刷工艺共同作用的结果，需要设计师在作品设计过程中综合考虑各种印后加工技术的搭配。

印后工艺能提升书籍的品格和价位，并在很大程度上促进书籍的销售。印后工艺的质量问题会使书籍设计前功尽弃，如书籍表面的压膜起皱、装订裁切歪斜、模切误差不能成型等。

总之，印刷是书籍设计在实现中的重要环节，印刷工艺与书籍设计是相辅相成的，技术的发展必然会推动整个出版、印刷、发行行业的进一步发展。

7.3 作品欣赏

印刷装订工艺集锦如图 7.21 和图 7.22 所示。

图7.21 印刷装订工艺集锦（一）

图7.22　印刷装订工艺集锦（二）

注释：

①橡皮筋订装，封底封面单裱灰板；

②刮刮银；

③灰板双面裱印，刀模，立体插卡；

④丝带装饰；

⑤橡皮筋订装，封底封面单裱灰板；

⑥车线装订，印金，文字烫雅金；

⑦回页装；

⑧特种布；

⑨异型插舌；

⑩无色 UV；

⑪圈装，竖腰封；

⑫打洞（刀模一种）；

⑬异型裱装书，异型书芯；

⑭打凸；

⑮撒粉（其实是先上层无色 UV，UV 没干撒上粉）；

⑯激光雕刻；

⑰激光雕刻；

⑱手工凸印；

⑲多层灰板模切对表；

⑳多色套装；

㉑裱装皮，烫金；

㉒风琴折，裱装布；

㉓不锈钢材料封面；

㉔打凸；

㉕线装书；

㉖凸字；

㉗异型书页；

㉘铆钉装；

㉙高 UV；

㉚立体卡（刀模）；

㉛硫酸纸印刷；

㉜附雅膜 +UV；

㉝烫亚银；

㉞局部植绒；

㉟异型书页；

㊱胶装，露书脊；

㊲凹印；

㊳五金装订夹；

㊴ 装饰；

㊵ 烫玫瑰金；

㊶ 三维俘雕烫金压凸一次成型版；

㊷ 专色叠印；

㊸ 激光雕刻；

㊹ 双开。

本章小结

现代书籍设计依托新技术得到了发展和丰富。印刷工艺的改良大大缩短了书籍制作的时间和印刷的成本。对印刷工艺技术的了解是学习现代书籍设计的前提和基础。

思考题

1. 到印刷厂参观调研，了解书籍设计的印刷流程和工艺制作。
2. 掌握承印材料、印后加工工艺、装订技术等相关印刷知识。
3. 以一本精装书为例，分析其印前与印后的加工工艺。

练习题

1. 积极参与社会实践，设计并完成单页印刷品一件。
2. 设计一本杂志并参与到印刷过程，体会简装书籍的结构和书籍要素之间的关系。

参考文献

[1] 吕敬人 . 书籍设计：书艺问道 [M]. 北京：中国青年出版社，2009.

[2] 杨志麟 . 欧洲古籍艺术 [M]. 武汉：湖北美术出版社，2001.

[3] 张路光，成红军 . 书籍装帧设计与工艺 [M]. 天津：天津大学出版社，2011.

[4] 柳林，赵全宜，明兰 . 书籍装帧设计 [M]. 北京：北京大学出版社，2010.

[5] 张洁，林涛，李英杰 . 书籍装帧设计与工艺 [M]. 天津：天津大学出版社，2011.

[6] 胡巍，史亚丽 . 书籍装帧 [M]. 上海：东方出版中心，2008.

[7] 雷俊霞，沈丽平 . 书籍设计与印刷工艺 [M]. 北京：人民邮电出版社，2012.

[8] 张森 . 书籍形态设计 [M]. 北京：中国纺织出版社，2006.

[9] 熊燕飞，邓海莲 . 书籍设计教程 [M]. 南宁：广西美术出版社，2008.

[10] 邱承德，邱世红 . 书籍装帧设计 [M]. 北京：印刷工业出版社，2007.

[11] 孙彤辉 . 书装设计 [M]. 上海：上海人民美术出版社，2006.